AF366179

A LA MÊME LIBRAIRIE

QUESTIONNAIRE ET EXERCICES SUR L'ARITHMÉTIQUE

PAR M. J. A. B.

RÉPONSES ET SOLUTIONS

---

1 volume in-18 : 2 fr. 50

PARIS. — IMP. SIMON RAÇON ET COMP., RUE D'ERFURTH, 1.

QUESTIONNAIRE

ET

EXERCICES

SUR L'ARITHMÉTIQUE

PAR

J. A. B.

ANCIEN ÉLÈVE DE L'ÉCOLE POLYTECHNIQUE

ÉNONCÉS

PARIS

G. MASSON, ÉDITEUR

LIBRAIRE DE L'ACADÉMIE DE MÉDECINE

PLACE DE L'ÉCOLE-DE-MÉDECINE

1875

QUESTIONNAIRE
ET EXERCICES
SUR L'ARITHMÉTIQUE

CHAPITRE PREMIER

Numération parlée.

1. — En augmentant chaque nombre d'une unité, compter de un à dix. (On compte sur les doigts.)

2. — Compter de dix en dix jusqu'à cent. (Ne pas dire septante, octante, nonante, noms rationnels mais vieillis.)

3. — Compter de cent en cent jusqu'à mille.

4. — Compter de mille en dizaines et centaines de mille jusqu'à mille fois mille ou un million.

5. — Compter de millions en dizaines et centaines de millions jusqu'à un *billion*, ou mille millions, et dire milliard au lieu de billion, qui n'est pas usité.

1

6. — Écrire sur le papier, dans leur ordre naturel, les différentes unités de dix en dix, jusqu'à un trillion, en commençant par la droite.

7. — Écrire en toutes lettres la dette de la Grande-Bretagne en mil huit cent dix-sept, vingt et un milliards deux cent vingt-trois millions sept cent huit francs.

8. — Compter de un à cent, en ajoutant l'unité, et remarquer es anomalies de langage dans cette énumération.

9. — Compter le nombre des jours de la semaine.

10. — Compter le nombre des mois de l'année.

11. — Quels sont les mois de trente jours? Quels sont les mois de trente et un jours? Quel est le mois de vingt-huit jours ou de vingt-neuf jours?

12. — L'année est de trois cent soixante-cinq jours ou de trois cent soixante-six jours.

13. — Compter de un jusqu'à cent, de deux en deux.

14. — Compter de trois en trois jusqu'à cent cinq, en commençant par trois.

15. — Compter de quatre en quatre jusqu'à cent vingt, en commençant par quatre.

16. — Compter de cinq en cinq, en commençant par cinq jusqu'à cent cinq.

17. — Compter de sept en sept, jusqu'à trois cent soixante-cinq.

18. — Compter les phalanges d'un doigt de la main autre que le pouce.

Compter toutes les phalanges des doigts de la main droite, excepté le pouce, qui sert lui-même à compter.

19. — Compter sur les phalanges de la main droite soit en levant le bras, soit en l'étendant.

20. — Comptez de douze en douze jusqu'à cent quarante-quatre, et remarquez qu'en employant les deux mains, la main droite pour les unités, de un à douze, et la main gauche pour désigner les douzaines, on peut ainsi compter jusqu'à cent cinquante-six.

21. — Comptez avec la main droite sur les phalanges, de trois en trois, jusqu'à douze ou de quatre en quatre.

22. — Ne dites pas, avec certaines personnes, que dans la numération parlée il y a des tranches de nombres, mais en comptant sur les doigts, remarquez bien qu'en comptant on peut désigner tous les nombres usuels par dix mots et encore deux mots et une terminaison, les exceptions en petit nombre ne formant pas une loi.

CHAPITRE II

Numération écrite.

23. — Écrivez les chiffres usuels modernes de un à neuf.

24. — Écrivez dix, vingt, trente, etc., jusqu'à quatre-vingt-dix.

25. — Écrivez dix et un ou onze en chiffres, douze, treize, etc., jusqu'à neuf dizaines et neuf unités.

26. — Écrivez en chiffres dix dizaines ou cent.

27. — Écrivez deux cents, trois cents, jusqu'à mille.

28. — Quand vous écrivez un zéro à la droite d'un nombre, que devient le premier nombre ainsi modifié *?

29. — Que devient un nombre quand vous écrivez deux zéros à sa droite **?

30. — Généralisez ces remarques et voyez ce que devient un nombre quand on écrit à sa droite trois, ou quatre, ou cinq zéros, etc.

---

* Ne dites pas, quand vous supprimez un zéro, que vous le retranchez; c'est une locution vicieuse.

** Ne confondez pas les expressions *augmente* et *devient plus grand;* inversement, diminue avec l'expression devient plus petit.

31. — Mêmes remarques sur des nombres terminés à droite par des zéros, quand on supprime sur la droite un zéro, ou bien deux, ou trois, etc.

32. — Lisez les nombres 7 — 50 — 51 — 29 — 24 — 365 — 366.

Lisez les nombres 12 — 1870 — 1871 — 1874, et écrivez ces nombres en toutes lettres.

33. — Écrivez en lettres le nombre 51415926. Énoncez ce nombre en le partageant préalablement en tranches de trois chiffres à partir de la droite.

34. — Exercez-vous à énoncer ce nombre par un procédé employé pour fixer ce nombre dans la mémoire. Dites et écrivez successivement, en allant de gauche à droite, 5; 14; 15; 926.

35. — Le budget de la Russie est de 2650527000 francs. Énoncez ce nombre.

36. — Le nombre d'habitants du globe est, d'après certaines statistiques, de 1296850000. Énoncez ce nombre.

37. — Si un nombre est composé de 12 chiffres, quelle est la nature de ses plus hautes unités?

38. — Si un nombre est composé de 19 chiffres, quelle est la nature de ses plus hautes unités?

39. — Combien aura de chiffres le nombre 87 trillions?

40. — Comptez de 7 en 7 et écrivez les nombres jusqu'à 5438, autant que possible.

41. — Écrivez les nombres naturels de 1 à 1000, et en comptant de deux en deux barrez chaque nombre que vous trouvez après le nombre 2.

Comptez, après cette opération, de 3 en 3 et barrez les nombres obtenus.

Comptez, après cette nouvelle opération, non pas de 4 en 4, ce nombre étant barré, mais de 5 en 5.

Continuez ainsi jusqu'à ce que l'opération ne donne plus de résultats, et écrivez ensuite à part les nombres qui ne sont pas barrés.

42. — Résumez toutes les conventions et les règles : 1° de la numération parlée, 2° de la numération écrite.

43. — Résumez les observations faites dans les exercices précédents.

44. — Indiquez les conventions de la numération écrite dans le système des Romains.

44 *bis*. — Écrivez en chiffres romains les nombres suivants : 1, 2, 3, 4, 5, 6, 7, 8, 9 et 10, puis les dizaines jusqu'à cent et les nombres intermédiaires; enfin, écrivez 500 et mille.

45. — Écrivez le millésime 1874 en chiffres romains.

45 *bis*. — Lisez les nombres suivants :

1° MDCCXV;

2° MCCCIX;

3° DCXXXVII.

CHAPITRE III

Addition et soustraction *.

ADDITION

46. — Faites les additions suivantes :

1°	$1+1+1+1+1.$
2°	$5+1+1+1+1+1.$
3°	$5+5+7+11+18.$

Faites la somme des résultats.

47. — Faites les additions suivantes :

1°	$2+2+2+2+2+2.$
2°	$5+5+5+5+5.$
3°	$4+4+4+4+4.$
4°	$6+6+6+6+6.$
5°	$7+7+7+7+7.$

* L'idée d'augmentation entraîne l'idée de diminution, en sorte que l'on ne conçoit pas l'opération de l'addition sans celle de la soustraction. L'addition est une simplification de la numération; le signe de l'addition étant $+$, qu'on prononce *plus*, on a indiqué les additions dans le chapitre III par l'emploi du signe $+$.

Le signe de la soustraction étant $-$, qu'on prononce *moins*, on a fait de même.

48. — Faites la somme des résultats obtenus dans les additions partielles du n° 47.

49. — A 1789 ajoutez 15, puis à la somme ajoutez 11, puis 1, puis 15, puis 18, et encore 5, et encore 19.

Indiquez ces additions par les signes de convention. Notez les nombres successivement obtenus; ce sont des dates mémorables de l'histoire.

50. — 1515 + 327.

51. — 51416 + 51416 + 51416.

52. — 49044 + 49044 + 49044.

53. — 2 025 215 954 + 1 178 476 749.

54. — 1 128 637 259 + 587 675 247 + 196 984 350.

55. — 5457 + 65508 + 680 + 15764 + 27 + 39 + 248009 + 546 + 17 + 54579 + 2746 + 859 + 270085 + 1005704 + 5604 + 485 *.

56. — Faire la preuve de toutes les additions qui précèdent.

57. — Est-il exact de dire qu'on ne peut commencer une addition que par la droite?

SOUSTRACTION * *

58. — 1° 27 — 1. 2° 27 — 1 — 1. 3° 27 — 1 — 1 — 1.

59. — 1° 27 — 2 — 2 — 2. 2° 27 — 5 — 5 — 5 — 5. 3° 27 — 9 — 9. 4° 27 — 18. 5° 108 — 72. 6° 4207 — 5928.

60. — 5 146 635 827 — 2 025 215 954.

---

* On fera les additions précédentes, en intervertissant l'ordre des parties. Ainsi, 27+36+72, au lieu de 72+27+36.

** Toute soustraction peut se faire par une addition. Le signe de la soustraction est —, que l'on prononce moins, ainsi qu'il a été dit précédemment.

61. — La fortune d'un capitaliste était de 157 428 500 francs; il a perdu 49 857 258. Que lui reste t-il?

62. — Trouver les compléments arithmétiques de : 1° 6; 2° 29; 3° 518; 4° 3427; 5° 680547.

63. — Faites par les compléments arithmétiques les soustractions suivantes : 1° 57 — 28. 2° 548 — 369. 3° 6574023 — 3782972. 4° 23857006427 — 5487958072.

64. — Faites les soustractions du n° 61 par la méthode vulgaire et vérifiez les calculs*.

65. — Sur 4 758 007 242 rations par homme, on en a distribué 3 928 274 629. Combien en reste-t-il?

66. — Il y a 145 jours de pluie ou de neige par an à Saint-Pétersbourg, combien reste-t-il par an de jours sans pluie ou neige?

Il y a à Varsovie 153 jours de pluie ou de neige. Combien, par an, de jours sans pluie ou neige?

OBSERVATION

Les deux opérations de l'addition et de la soustraction doivent être employées comme moyen de vérification de l'une pour l'autre ou même pour chacune de ces opérations.

Il faut, pour la soustraction, se servir de ce principe, qu'on ne change pas le reste en ajoutant la même quantité au plus grand et au plus petit nombre, etc., etc.

1.

CHAPITRE IV

Multiplication.

67. — Un manœuvre est payé 4 francs par journée de travail. Combien gagne-t-il pour 2 journées, pour 3 journées, pour 4 journées, et ainsi de suite jusqu'à 26 journées?

68. — Faites une table de multiplication de 1 jusqu'à 9, en procédant par voie d'addition.

69. — La table de multiplication de 1 à 9 étant écrite, remarquez par des signes les nombres qui se représentent 1 fois, 2 fois, 3 fois, 4 fois.

70. — Multipliez 6 francs, journée d'un ouvrier mécanicien, par 10, par 100, par 1000.

71. — Une locomotive fait dans un train de marchandises 28 kilomètres à l'heure; combien fera-t-elle en 24 heures ou en un jour? Combien en 157 jours?

72. — Le budget annuel de la France est de 2 milliards 547859627 francs. Quelle serait la somme dépensée dans un nombre d'années égal à 548 ans?

73. — En comptant les phalanges des doigts de la main droite, le pouce excepté, démontrez que 4×3 est égal à 3×4.

74. — Généralisez ce principe : qu'on peut dans un produit de deux facteurs intervertir leur ordre. Exemple : 5738219516 et 3247259.

75. — Un travail de terrassement pour chemin de fer exige l'emploi de 7 brigades d'ouvriers; chaque brigade comporte 143 hommes, chacun des ouvriers est payé 3 francs par jour ; combien coûte la dépense du travail pour un jour?

76. — On suppose que le travail indiqué ci-dessus exige 48 jours de travail, quelle sera la dépense?

77. — Vérifiez par le fait que, dans les deux problèmes précédents, le produit ne change pas quand on intervertit l'ordre des facteurs.

78. — Démontrez que l'on peut intervertir l'ordre des facteurs dans un produit de trois facteurs.

79. — Démontrez que l'on peut grouper comme on veut les facteurs d'un produit sans changer la valeur de ce produit.

(Faites remarquer sur un exemple que ce principe peut être employé pour simplifier des calculs.)

80. — En consultant la table de multiplication, on pouvait être conduit à poser les principes sur les produits de plusieurs facteurs.

Indiquez ces exemples.

81. — Dans la table de multiplication on trouve les nombres $4 = 2.2$; $9 = 3.3$;.....

Comment écrit-on d'une manière abrégée ces produits ?

82. — A quoi est égal chacun des produits suivants : 1° 2.5; 2° $2^2.5^2$; 3° $2^5 \times 5^5$, ...$2^7.5^7$. Généralisez.

83. — Écrivez le plus simplement possible, avant d'effectuer les calculs, le produit suivant :

$$7 \times 3 \times 2^4 \times 21 \times 5^5 \times 3^2 \times 7 \times 5.$$

Mais démontrez d'abord que pour multiplier un nombre par un

produit de plusieurs facteurs il suffit de multiplier ce nombre successivement par les facteurs du produit.

84. — Écrivez d'abord et effectuez le produit de 5^3 par 4^2, par 5^4, par 7^2, par 2^3 et par 11.

Employez les parenthèses.

85. — Faites les produits en intervertissant l'ordre des facteurs. $$2^3 \times 5^2 \times 5 \times 151 \times 7,$$
et $$7 \times 151 \times 5 \times 11 \times 15.$$

86. — Un ouvrage se compose de 5 tomes ayant 543 pages; chaque page renferme 58 lignes; chaque ligne contient 57 lettres.

Combien y a-t-il de lettres dans l'ouvrage complet?

87. — La somme de plusieurs multiples d'un nombre est un multiple de ce nombre.

Exemples : $548 + 6556 + 12 + 624$, qui sont tous multiples de 4.

88. — La différence de deux multiples d'un nombre est un multiple de ce nombre.

Ex.   6575 et 225, qui sont tous deux multiples de 25.

89. — Le produit par un nombre entier du multiple d'un nombre est un multiple de ce nombre.

Exemple : 84 étant un multiple de 7, 84.15 est aussi un multiple de 7.

90. — $67,545,226 \times 12575$.

91. — Les deux facteurs d'un produit ont, le premier 7 chiffres, le second 5. Combien de chiffres, au plus, aura le produit, et combien au moins?

Ex. 65476×4557.

92. — Multipliez 5572 par 582800.

93. — Faites la multiplication suivante : 44.60.60.24.65.

94. — Multipliez 5 587 462 765 par 28 543 269.

95. — Faites le produit suivant : 1.2.3.4.5.6.7.8.

96. — Faites le produit suivant : $10^3.10^5.10^7.10^{12}$.

97. — Faites le produit $7.5\,(7 + 3 - 2 + 14 - 3)$.

98. — Faites le produit suivant :

$$8.3.5\,(2 + 14 - 6 + 5)\,(4.2 - 3).$$

99. — Multipliez $(15 - 3.2 + 17)$ par 22 fois 5.

100. — Ajoutez 19 à 35, retranchez du résultat 4 fois 3, puis multipliez par 5, par 4 et par 3^5. Indiquez les opérations et effectuez les calculs.

101. — Faites la multiplication suivante :

$$5^3 \times 7 \times 2^5 \times 11 \times 10^2.13.10.$$

102. — 5 cinquième puissance $\times\,4.7\,(4.3.5.2^2.7.5)$.

103. — Faites les opérations :

$$(7 \times 4 - 3 \times 4 + 9 \times 4)(3.7 - 15.2 + 5.4 - 2^3)(11 - 3 + 4).5^3.$$

CHAPITRE V

Division.

104. — Divisez 658 par 2, c'est-à-dire prenez-en la moitié.
Divisez 546 par 3 ou prenez-en le tiers.

Divisez 824 par 4 ou prenez-en le quart.
Divisez 875 par 5 ou prenez-en le cinquième.

105. — Divisez 56366 par 57.
Divisez 56366 par 59.

106. — Partagez 1 856 467 en 48 parties égales.
Faites la preuve.

107. — Divisez 6 578 255 par 294 et divisez le dividende par le quotient.

108. — 65 782 550 000 : 5141.

109. — Divisez 21 546 578 657 par 56 671 247.

110. — Divisez 85 468 par 5572.
2° 5 150 740 par 12 542.
3° 1 882 715 par 92.
4° 20 000 000 000 par 51 416.
5° 2 000 000 000 000 par 514 159.

111. — Divisez 10^{18} par 64 755 489 000.

112. — Divisez 67459 par 7 sans poser la division *.

113. — Divisez par 8 le nombre 5 497 843.

114. — Divisez par 6 le nombre 43 754 $\times$ 23.

115. — Pour diviser un nombre par 12, il suffit de diviser ce nombre par 3 et le quotient obtenu par 4.

  Exemple : Un employé a 4856 francs de traitement annuel. Combien a-t-il par mois?

Démonstration théorique.

116. — Pour diviser un nombre par un produit de plusieurs facteurs, divisez successivement par les facteurs du produit ou par ces facteurs groupés d'une manière quelconque**.

Considérez le cas où il y a un reste.

117. — 748 956 : 4.7.5.

118. — Vous ne changez pas un quotient en divisant le dividende et le diviseur par un même nombre.

  Ex.   78 455 : 275.

119. — Faites la division de 5 427 288 par 645 et faites la preuve en ajoutant le reste au produit du diviseur multiplié par le quotient.

120. — Multipliez le dividende du n° 116 par 78 et divisez par le diviseur. Que deviennent le quotient et le reste?

121. — Prenez le dividende et le diviseur du n° 116 et multipliez le diviseur seul par 72; faites la division après cette modification.

122. — Divisez 5 458 227 629 par 547 826.

---

* Il faut s'exercer à opérer rapidement et sûrement ces sortes de divisions.

** Ce principe est de la plus grande importance.

123. — Faites les calculs indiqués comme suit :

587.28.45.6354.500 : 426 : 525 : 24.

Simplifiez les calculs indiqués avant d'effectuer.

124. — Plus grand commun diviseur et principes sur les nombres premiers.

125. — Trouvez le plus grand commun diviseur entre 5472 et 144.

126. — Les deux nombres 5475 et 126 ont-ils un plus grand commun diviseur?

Trouvez le plus grand commun diviseur entre 150 120 et 95 095.

127. — En vous reportant au n° 41, faites une table des nombres premiers de 1 à 1000.

128. — Trouvez le plus grand commun diviseur : 1° entre les 5 nombres : 648 ; 557 ; 222 ; 2° entre les 5 nombres : 5420 ; 525 ; 225 ; 45 et 27.

129. — Les nombres 67 428 et 45 852 ne sont pas premiers entre eux. Quel est leur plus grand commun diviseur?

130. — Caractère de divisibilité par 2 ou 5, nombres pairs, nombres impairs.

Ex.   5,436 ; 51,416 ; 75 ; 280.

131. — Caractères de divisibilité par 4 ou 25.

Ex.   1° 57452 ;   2° 54575.

132. — Caractères de divisibilité par 9.

Ex.   30,222.

133. Reste de la division par 9 de 51 416.

134. — Caractères de divisibilité par 11.

Reste de la division par 11.

Ex.   54 893 268.

135. — *Si un nombre* divise le produit de deux facteurs et s'il est premier avec l'un d'eux, il divise l'autre.

Ex. 100×36 et 3.

136. — *Un nombre n'est décomposable que d'une seule manière en facteurs premiers.*

Ex. $3^2.5^4.7^2.11^5.17$.

137. — *Un nombre divisible* par deux nombres premiers entre eux est divisible par leur produit.

Ex. 545×36 divise $545 \times 7 \times 36 \times 11$.

138. — *Pour qu'un nombre* admette un diviseur, il faut qu'il contienne tous les facteurs premiers de ce diviseur, chacun d'eux avec l'exposant qu'il renferme. (Conséquences de ces principes.)

139. — *Trouver le plus petit nombre divisible* par les deux nombres donnés.

Ex. $2^5 \times 5^2 \times 7 \times 13$ et $2^4 \times 3^2 \times 7^2 \times 11^5$.

140. — *Trouver le plus petit commun multiple* entre les 3 nombres : 1° $2^5 \times 5^2 \times 7 \times 13$; 2° $2^4 \times 3^2 \times 7^2 \times 11^5$; 3° $5^4 \times 13^2 \times 17$.

141. — Preuves de la multiplication dite par 9.

Ex. $\qquad 6\,457\,867 \times 26\,753$.

142. — *Preuve de la multiplication dite par 11.*

Ex. $\qquad 758\,324 \times 835$.

143. — Preuve de la division dite par 9.

Ex. $\qquad 63\,724 : 537$.

144. — *Preuve de la division dite par 11.*

Ex. $\qquad 49\,725 : 63$.

CHAPITRE VI

Applications sur les règles fondamentales
de l'arithmétique.

145. — La journée d'un ouvrier terrassier est de 5 francs, il y en a 15 451. Dans le même chantier, il y a 14 chefs d'équipe à 4 francs; de plus, 35 tombereaux à un cheval payés 12 francs par jour. Quelle est la dépense, par jour, pour les terrassements exécutés dans cet atelier?

146. — La tonne de houille coûtait, il y a cinq ans, 48 francs; elle a coûté, en 1875, 64 francs la tonne. Une industrie en employait 274 tonnes par mois. On demande quelle était la dépense, pour 7 mois, il y a cinq ans; quelle était la dépense, en 1875, pour une même période de temps?

On comparera les dépenses pour chaque mois et pour les 7 mois dans chaque période, savoir l'augmentation des dépenses ou leurs différences.

147. — Une mesure de terrain vaut 157 francs. Un père en possédait 45 558 mesures, il laisse, en mourant, cette propriété à 5 héritiers, dont 2 ont 4 fois plus que les autres. On demande, en francs, ce qui reviendra à chaque catégorie d'héritiers?

On demande ce qui serait revenu à chacun si les parts avaient été égales?

148. — Le poids moyen de l'hectolitre de froment est de 76 kilogrammes; de l'hectolitre d'orge 64 kilogrammes; de l'hectolitre d'avoine 47 kilogrammes.

D'après ces données, combien d'hectolitres de blé pourra-t-on placer dans 8 wagons chargés à 8500 kilogrammes; combien d'hectolitres d'orge dans 9 wagons chargés à 9200 kilogrammes et dans 7 wagons chargés de seigle à 9425?

On demande le nombre total d'hectolitres.

149. — La longueur du fleuve des Amazones est de 5400 kilomètres, en admettant que la sixième partie n'est pas navigable et que le reste ne peut être parcouru la nuit, qui est de 7 heures, on demande combien de temps il faudra naviguer pour parcourir en bateau la distance navigable, en supposant que l'on peut faire par 3 heures 22 kilomètres?

Si un chemin de fer suivait le rivage du fleuve dans tout son parcours et qu'un train remorqué par une locomotive fît en moyenne 58 kilomètres par heure, combien de temps faudrait-il marcher.: 1° pour faire le parcours navigable; 2° pour faire le parcours entier?

On demande en outre de faire la différence comparative des temps de parcours et de comparer enfin les temps de ces parcours ou d'en prendre les rapports.

150. — Faites la cinquième puissance de trente-sept, retranchez le produit des six premiers nombres entiers, multipliez le reste par la troisième puissance de dix. Le résultat étant obtenu, divisez-le successivement par 28 fois 12 et 5 fois 24.

Indiquez par les signes convenus ces différentes opérations avant d'effectuer les calculs, et à chaque opération partielle faites, autant que possible, les preuves de ces opérations, soit par 9, soit par 11.

CHAPITRE VII

Fractions ordinaires.

151. — Comptez par sixièmes en commençant par un sixième jusqu'à six sixièmes.

152. — Qu'est-ce que huit huitièmes?
Comptez combien il y a d'unités entières dans 52 huitièmes et combien il y a de huitièmes de plus que l'entier.

153. — Écrivez, sous forme de fractions ordinaires, 5 vingt-tièmes.

154. — Une fraction comme $\dfrac{528}{15}$ peut être représentée par une division. Quelle est cette division?

155. — Réciproquement, le quotient d'une division peut être représenté par une fraction.
Ex.   528 : 56.

156. — Simplifiez l'indication de la division 528 : 56.

157. — Comptez par $\frac{3}{7}$ comme vous comptez par unités jusqu'à $\frac{36}{7}$ et extrayez l'entier.

158. — Que devient une fraction dont on augmente le numérateur, le dénominateur restant le même.

Ex. $\frac{8}{47}$ fraction primitive, $\frac{14}{47}$ fraction obtenue en augmentant le numérateur 8 de 6 unités.

159. — S'il faut 47 fois $\frac{1}{47}$ pour former l'unité, que devient la fraction $\frac{1}{47}$ quand on ajoute 5 au dénominateur 47 que l'on écrira $\frac{1}{47+5}$ ou $\frac{1}{52}$.

160. — Que devient la fraction $\frac{26}{47}$ quand on ajoute 22 aux deux termes de la fraction. Augmente-t-elle?

161. — Comparez les deux fractions $\frac{5}{24}$ et $\frac{8}{29}$.

162. — Simplifiez $\frac{280350}{58225}$.

163. — La fraction $\frac{46}{75}$ est irréductible.

164. — Formez les premières fractions égales à la fraction $\frac{21}{56}$.

165. — Ajoutez le tiers, le cinquième, le sixième, le huitième de 5 150 740, mais ne faites les calculs qu'après les avoir préparés et écrits sous forme fractionnaire.

166. $-5 + \dfrac{2}{21} + 5 - \dfrac{41}{55} - \dfrac{15}{56} + 9 - \dfrac{17}{40}$.

167. — Prendre les $\dfrac{5}{5}$ de 24.

168. — Prendre les $\dfrac{5}{5}$ des $\dfrac{15}{21}$ des $\dfrac{7}{12}$ de $\dfrac{25}{52}$.

Indiquer les calculs et simplifier autant que possible avant d'obtenir le résultat définitif.

169. — Faites les calculs $\left(4 + \dfrac{5}{11}\right) \times 7$ soit $\left(4 + \dfrac{5}{11}\right).7$, ou $\left(4 + \dfrac{5}{11}\right) 7$, et extrayez l'entier.

170. — $5 \times \left(11 - \dfrac{2}{7}\right)$. Opérez de plusieurs manières.

171. — $\dfrac{4}{11} \times \dfrac{57}{81}$.

172. — On ne change pas un produit de plusieurs facteurs fractionnaires en intervertissant leur ordre.

$$\left(5 + \dfrac{5}{7}\right) \left(4 - \dfrac{2}{11}\right) \dfrac{5}{22} \left(2 + \dfrac{5}{5}\right) \left(11 + \dfrac{5}{21}\right) \dfrac{8}{15}.$$

173. — $\dfrac{5}{7} \times \dfrac{5}{11} \times \dfrac{4}{21} \times \dfrac{8}{55} \times \dfrac{11}{42}$.

Écrire les calculs dans un ordre quelconque; effectuer après avoir simplifié.

174. — Divisez $\dfrac{55}{48}$ par 9.

175. — Divisez $\dfrac{55}{48}$ par 7.

176. — Multipliez $\dfrac{55}{48}$ par 6.

177. — Divisez 18 par $\dfrac{5}{14}$.

178. — Divisez $\dfrac{28}{15}$ par $\dfrac{7}{18}$.

179. — $\left(15 + \dfrac{5}{15}\right) : \left(5 - \dfrac{18}{25}\right)$.

—

OBSERVATION

Les théories sur les fractions doivent être l'objet de rédactions très-soignées. Ces théories trouvent de très-nombreuses applications dans toutes les parties des mathématiques. Il faut toujours remonter aux définitions et en déduire les conséquences immédiates.

CHAPITRE VIII

Fractions décimales.

180. — Lisez les nombres décimaux suivants :

$$73457,5892; \qquad 734575,892;$$
$$7345758,92; \qquad 73457589,2.$$

181. — Lisez les nombres décimaux :

$$7345,75892; \qquad 7,34575892.$$

182. — Écrivez 24578 dixièmes ; 24578 centièmes.

183. — Écrivez 5 millièmes; 5 dix-millièmes.

184. — Écrivez un dix-millionnième.

185. — Écrivez 11801 du 10e ordre décimal et énoncez ce nombre quand il est écrit.

186. — Divisez 51416 par 10000.

187. — Divisez 51415926 par 10^7.

188. — Transformez 9,8088 en unités, puis en dixièmes, en centièmes, en millièmes et en dix-millièmes.

189. — Lisez 557,2. C'est la vitesse de la lumière en mètres par seconde.

190. — Faites l'addition suivante :

547,8506 + 28,07 + 0,00585 + 2,41 + 559 + 0,07 + 24,51.

191. — Faites les soustractions suivantes :

1º   287,854 — 89,278 ;

2º   287,854 — 89,2778565 ;

5º   58 — 0,00267.

192. — Multipliez :

1º   5483,27 par 0,002 ;

2º   25258 par 0,000018572 ;

5º   857,2874 par 27,654.

Faites les preuves par 9 et par 11.

193. — Divisez 5130740 par 10000000 ou par 10^7.

194. — Divisez 6367429 par 294 avec 5 décimales.

195. — Divisez 54,857 : 3,14159.

196. — Transformez 0,004 en fraction ordinaire.

De même 0,007 en fraction ordinaire ayant pour numérateur l'unité.

De même 0,008   —   —   —

    —   0,009   —   —   —

    —   0,023   —   —   —

197. — Revenez de la fraction 0,547547547..... à la fraction ordinaire génératrice. Simplifiez le plus possible cette fraction ordinaire.

198. — Revenez de la fraction 0,545185185185..... à la fraction ordinaire génératrice et simplifiez cette fraction le plus possible.

199. — Comment démontrez-vous que la fraction $\dfrac{217}{5425}$ donne lieu à une fraction périodique mixte.

CHAPITRE IX

Carrés ou secondes puissances.
Racines carrées ou de l'indice deuxième.

200. — Dans la table de multiplication de 1 à 9, combien y a-t-il de carrés ou de secondes puissances?

201. — Élevez à la deuxième puissance $5 \times 7 \times 13$.

202. — Élevez à la deuxième puissance $5^3 \times 7^2 \times 13^4 \times 17$.

203. — Extrayez la racine carrée de 98 088.

204. — Extrayez la racine de $98\,088 \times 547$.

205. — Prouvez que cette racine est incommensurable.

206. — Extrayez la racine de $\dfrac{518}{225}$.

A quelle approximation est-elle obtenue?

207. — $\sqrt{\dfrac{625}{58}}$ à $\dfrac{1}{58}$ près.

208. — $\sqrt{28 + \dfrac{5}{14}}$ à une unité près.

209. — $\sqrt{28 + \dfrac{3}{14}}$ à $\dfrac{1}{14}$ près.

210. — $\sqrt{28 + \dfrac{3}{14}}$ à $\dfrac{2}{7}$ près.

CUBES OU TROISIÈMES PUISSANCES. — RACINES CUBIQUES.
RACINES DONT LES INDICES SONT DES FACTEURS DE 2 ET DE 3.

211. — Faites les 5mes puissances des dix premiers nombres entiers.

212. — Extraire la racine cubique de 417.

213. — Extraire la racine cubique de 58 429.

214. — Extraire la racine cubique de 6 473 289 538.

215. — Extraire la racine cubique de $\dfrac{2485}{89\,734}$.

216. — Extraire la racine 4me de 8 574 326.

217. — Extraire la racine 6me de 6 479 328.

218. — Extraire la racine 3me de 75 452 à moins d'un demi.

219. — Extraire la racine 3me de 548 à moins de $\dfrac{1}{5}$.

220. — Extraire la racine 8me de 8472 à moins d'un dixième.

———

221. — Faites les calculs indiqués $(5^5 \times 7^2 \times 2^2 \times 11)^5$.

222. — Faites les calculs indiqués : $(3^2 \times 5 \times 13 \times 4)^2$.

223. — $\sqrt[3]{\sqrt{58\,742}}$ à moins d'un centième.

224. — $\sqrt{\sqrt{\sqrt{65\,342\,954}}}$ à moins d'un dixième.

CHAPITRE X

Système métrique et nombres complexes.

225. — Énoncez en mètres, décimètres, centimètres, millimètres, le nombre 9^m,8088.

226. — Transformez ce nombre en décimètres.

227. — Transformez 9^m,8088 en millimètres.

228. — Écrivez 4575228^m,52 en kilomètres.

229. — Écrivez le même nombre en myriamètres.

230. — Combien de kilomètres dans le quart du méridien terrestre? Combien de myriamètres?

231. — Divisez 40,000,000 mètres par deux fois 3,1416 ;
combien y a-t-il de mètres, combien de kilomètres, combien de
myriamètres?

232. — Écrivez un millième de mètre ou un millimètre.

233. — Écrivez un dixième de millimètre.

234. — Écrivez deux 100 000mes de millimètre.

235. — Écrivez 2 millimètres 247 millièmes.

236. — Comment écrit-on les grands nombres de mètres ou

de kilomètres pour les chemins de fer, la télégraphie, l'astronomie?

237. — Comment écrit-on les petits nombres de la mécanique de précision, la physique et les observations microscopiques.

238. — Écrivez 76 centimètres.

239. — Écrivez 765 millimètres.

240. — Comment écrit-on un décimètre carré?

241. — Combien un centimètre carré est-il contenu de fois dans un décimètre carré?

242. — Combien un décimètre cube contient-il de centimètres cubes?

243. — Un mètre cube contient-il mille décimètres cubes? Écrivez en décimètres du mètre cube 275 centimètres cubes.

244. — Transformez en décimètres cubes le nombre $428^{mc},28585$.

245. — Convertissez en mètres cubes $578248^{dc},0057$.

———

246. — Convertissez en litres et centilitres le nombre $43^{dc},525874$.

247. — Convertissez en litres et fractions du litre $54^{mc},20782567$.

248. — Convertissez en mètres cubes $28780584^{lit},5074$.

249. — Combien de centim⁵ cubes contiennent $27^{lit},20585$?

250. — Faites une table des valeurs du litre en centimètres cubes de 1 à 10.

251. — Que vaut, en litres, un centimètre cube?

———

252. — Une tonne métrique vaut combien de kilogrammes?

253. — Combien pèsent 287^{lit},528 d'eau distillée ramenée à son maximum de densité?

254. — Que pèsent 2874^{lit},503 d'eau distillée en tonnes métriques?

255. — Combien de litres d'eau dans un vase qui pèse plein 4754^{kilog},609 et vide 248^{kil},307.

256. — Évaluez en centigrammes le poids de 0^{lit},527423 d'eau.

THERMOMÈTRES.

257. — Convertir $57°$,5 centigrades en degrés Réaumur.

258. — Combien valent $64°$,25 centigrades en degrés Réaumur.

259. — Combien marquerait au thermomètre F. une température de $16°$,8 centigrades.

260. — Combien valent $52°$ Réaumur au-dessus de zéro en degrés centigrades.

Combien valent $52°$ R. au-dessous de zéro en degrés centigrades? Soit ($-52°$ R.).

CHAPITRE XI

Questionnaire.

261. — Qu'est-ce que la multiplication ?
Déduisez d'une définition générale les définitions particulières. Considerez le cas de la multiplication des fractions.

262. — Comment comprend-on que doit être effectué un produit de plusieurs facteurs ? Donnez les définitions et les conventions.

---

263. — Quelle est la définition générale de la division ?
Donnez la définition particulière de la division.

---

264. — Quelle est la définition d'une fraction ?

265. — Qu'est-ce qu'un nombre fractionnaire ?

266. — Qu'est-ce qu'extraire l'entier d'une fraction ?

---

267. — Qu'est-ce qu'un nombre décimal ?

268. — Qu'est-ce qu'une fraction décimale ?

---

269. — Définissez le mètre.

Qu'est-ce qu'un méridien terrestre?
Qu'est-ce qu'un mètre carré?
Un are,
Un hectare,
Un kilomètre carré,
Un centiare?

270. — Doit-on prendre dans un sens absolu l'expression *preuve d'une opération arithmétique?*

Quel est le sens véritable qu'on doit attacher à l'expression *preuve d'une addition, d'une soustraction, d'une multiplication, d'une division?*

271. — Qu'est-ce que faire les preuves d'une multiplication par 9 ou par 11?

272. — Qu'est-ce qu'une fraction de fraction?

A quelle opération correspond ce qu'on nomme prendre une fraction, d'une fraction ou d'un nombre quelconque.

---

273. — Qu'est-ce que la puissance d'un nombre?

274. — Donnez la définition de l'exposant ou indice d'une puissance?

---

275. — Définissez l'intérêt d'un capital placé à intérêt simple.

---

276. — Qu'est-ce que l'escompte en dehors?

277. — Qu'est-ce que l'escompte en dedans?

---

278. — La goutte d'eau est le 20me d'un centimètre cube. Combien y a-t-il de gouttes d'eau dans un litre?

279. — Qu'est-ce que le gramme?

280. — Quel est le poids d'un franc en argent?

281. — Quel est le poids d'une pièce de cinq francs?

282. — Qu'est-ce qu'on appelle titre d'un alliage d'argent?

283. — Quelle est la valeur de l'or comparé à l'argent, à poids égaux?

—————

284. — Qu'entend-on par l'expression : extraire une racine à moins d'une unité, ou bien à une unité près?

285. — Qu'est-ce que la valeur d'un nombre à $\frac{1}{5}$ ou à $\frac{3}{5}$ près.

Donnez des exemples.

286. — Quels sont les termes d'une proportion?

D'où viennent les expressions extrêmes, moyens, antécédents, conséquents?

287. — Qu'est-ce que la raison d'un rapport?

288. — Qu'entend-on par suite de rapports égaux?

289. — Quelle distinction fait-on entre l'erreur absolue d'une valeur numérique et l'erreur relative?

Donnez des exemples.

—————

290. — Qu'est-ce qu'un décilitre?

291. — Qu'est-ce qu'un centilitre?

292. — Qu'est-ce qu'un millilitre?

293. — Écrivez tous ces nombres soit par rapport au litre, soit par rapport au mètre cube.

—————

294. — Que veut-on dire quand on énonce qu'une fraction est irréductible?

295. — Qu'est-ce qu'un nombre premier ou premier absolu?

296. — Qu'est-ce que l'on entend par l'expression deux nombres premiers entre eux?

297. — Définissez le décimètre carré, le centimètre carré.

298. — Qu'est-ce qu'un mètre cube? — Un décimètre cube? — Un centimètre cube?

299. — Qu'est-ce qu'un litre?

---

300. — Combien de minutes dans 3 mois 7 jours 57 minutes.

301. — Combien de mois, jours, minutes et secondes dans 573 458 secondes?

---

302. — Donnez un exemple de rapport direct ou de raison directe.

303. — Donnez un exemple de rapport inverse ou de raison inverse.

304. — Donnez un exemple de règle de trois composée où se trouvent à la fois des nombres dont les rapports sont directs et d'autres dont les raisons sont inverses.

Employez cette forme de raisonnement : si le premier nombre devient deux, trois, etc., fois plus grand, l'autre nombre deviendra deux, etc., fois plus grand.

Inversement : si le premier nombre devient une, deux, etc., fois plus grand, le second nombre deviendra une, deux, trois, etc., fois plus petit.

305. — Montrez par un exemple pris dans le système métrique pour les surfaces et les volumes qu'il y a des nombres qui augmentent comme les carrés des dimensions ou comme les cubes de ces dimensions, c'est-à-dire dans le premier cas comme les deuxièmes puissances et dans le second comme les troisièmes puissances de ces dimensions.

306. — Écrivez le rapport $\frac{55}{78}$ sous une autre forme et prouvez que si l'on écrit $\frac{55}{72} = \frac{417}{x}$, on aura aussi $55^2 : 78^2 :: 417^2 : x^2$.

307. — Prouvez que si deux rapports sont égaux les 5mes puissances des termes de ces deux rapports sont aussi égaux.

308. — Si deux rapports sont égaux, les rapports des racines de même indice des termes de ces rapports sont aussi égaux.

Prenez des exemples et faites les applications aux racines 2me, 5me et 4me, etc.

CHAPITRE XII

Questions relatives aux mélanges, alliages, intérêts, escomptes, règles de trois simples et composées, etc.

309. — On fait un mélange de trois espèces de vins dont on demande le prix du litre.

1°	7^{hect},58^{l} à 0^{f},65 ;
2°	6^{hect},58^{l} à 0^{f},87 ;
3°	11^{hect},67^{l} à 0^{f},92.

310. — Combien peut-on vendre le litre de vin avec 540 litres à 0^{f},52 le litre mélangé à 694 litres à 0^{f},65 le litre?

311. — Combien faut-il ajouter en eau pour avoir du vin à 0^{f},65 quand on a 875 litres de vin à 0^{f},82 le litre?

312. — On veut faire 3854 litres de vin à 1^{f},15 en mélant du vin à 1^{f},27 à du vin à 0^{f},82 ; combien faut-il de chaque espèce?

313. — On alcoolise 548 litres de vin à 0^{f},825 avec 27^{l},75 d'alcool à 3^{f},25 ; quel sera le prix du mélange?

314. — 240 litres de vin à 0^{f},575, puis 588 à 1^{f},072 et 18 litres d'alcool à 3^{f},718. Quel est le prix du mélange?

ALLIAGES.

315. — Définissez ce que c'est qu'un alliage de métaux et en particulier un alliage d'argent avec l'indication de la proportion de fin.

Faites les mêmes définitions relatives à des alliages d'or; ces définitions bien établies, faites les calculs et les raisonnements sur les problèmes suivants.

On allie trois alliages d'argent et on demande le titre de l'alliage.

$$1° \quad 5^{kilog},528 \text{ à } 855 ;$$
$$2° \quad 7^{kilog},257 \text{ à } 894 ;$$
$$3° \quad 9^{kilog},867 \text{ à } 927.$$

316. — On allie $5^{gr},827$ d'or à 758 avec $7^{gr},307$ à 912. Quel est le titre de l'alliage?

317. — Combien de cuivre faut-il ajouter à de l'or à 958 du poids de $54^{gr},28$ pour avoir un alliage à 900?

INTÉRÊTS SIMPLES.

Définissez ce que c'est que l'intérêt simple d'un capital et quelles sont les questions directes ou inverses que l'on peut se proposer sur les problèmes qui tiennent à ce genre de questions.

Définissez les expressions : taux de l'intérêt, capital, temps ; posez des conventions relatives au nombre de jours des mois et de l'année.

Toutes les définitions ou conventions établies, ou bien expliquez les formules qu'on emploie dans les questions d'intérêt simple ou bien ramenez à l'unité.

318. — Quel intérêt produit une somme de 17543 francs, pendant un an, à 6 p. 100?

319. — Quel intérêt produit un capital de 47 855 672 francs, à 5 p. 100, pendant 2 ans 1/2.

320. — Quel capital faut-il placer, pendant 7 mois 11 jours, à 5 1/2 p. 100, pour avoir un intérêt de 6428^r,57.

RENTES.

321. — La rente 3 p. 100 est à 58^r,57 1/2 ; quel est l'intérêt pour cent?

322. — La rente 5 p. 100 est à 95^r,80 et la rente 3 p. 100 est à 59^r,28 1/2. A quelle rente vaut-il mieux acheter?

323. — On veut acheter 85 300 francs de rente 5 p. 100 à 57^r,27 1/2. Quel capital faut-il employer?

ESCOMPTE COMMERCIAL ET COMMISSIONS [*].

324. — Escompter un effet de 27 543^r,28 à 4 p. 100 payable dans un an.

325. — Escompter un effet de 55 428^r,57, payable dans 5 mois 7 jours, à 6 3/4 p. 100.
Ajouter 1/2 p. 100 de commission.

326. — On a escompté à 5 1/2 p. 100 un billet à 2 mois 18 jours, l'escompte est de 287^r,27. On demande le montant du billet (valeur nominale).

---

[*] On demande aussi de faire les calculs pour l'escompte en dedans.

327. — Un billet de 3758^f,28 à 7 mois 8 jours a donné, à l'escompte, 3598^f,57. Quel est le taux de l'escompte?

328. — On a escompté à 4 1/2 p. 100 un billet de 728^f,57, il a donné 682^f,97. Quel temps restait à courir?

APPROXIMATIONS.

329. — Calculer, à 0,001 près, la somme suivante :
58,53427 + 2,60762 + 318,547623 + 0,07492 + 1,6892 + 57,850782 + 812,65348 + 2,67532 + 67,04 + 23,07264 + 0,08256 + 43,067645.

330. — Calculer, à 0,0001 près, le produit suivant :

$$557,823056 \times 3,1415926.$$

Exposez les différentes méthodes employées pour faire ces calculs par approximation, et principalement la méthode dite d'Oughtred.

Considérez toujours le cas où l'approximation doit être absolue et le cas où l'approximation est relative.

331. — Faire, à 0,01 près, la division :

$$548276 : 357,2562.$$

Définissez ce qu'on nomme division abrégée et donnez des exemples des différents cas de ces divisions par approximation.

Il est inutile de donner ici des exemples d'extraction de racines par approximation, car on en trouve un grand nombre indiqués dans les présents exercices. On peut d'ailleurs consulter la table des matières.

CHAPITRE XIII

Questions diverses.

332. — Un bloc de glace a les dimensions suivantes : longueur, $0^m,821$; largeur, $0^m,497$; épaisseur, $0^m,652$. On sait que la glace pèse moins que l'eau et que ces poids sont dans le rapport de 918 à 1000. On demande le poids de 548 de ces blocs.

On demande en outre quel volume serait nécessaire pour qu'une glacière contînt ces blocs, en admettant que la place perdue soit les $\dfrac{5}{14}$ du volume réel.

333. — Le grès pèse $2^{fois},55$ plus que l'eau. On demande le poids d'un bloc rectangulaire droit dont les dimensions sont : longueur, $5^m,754$; largeur, $2^m,456$; hauteur, $1^m,949$.

334. — Combien de doubles décalitres dans $57^{mètres\ cubes},658$? Combien de litres dans 527 doubles décalitres ?

335. — Combien de mètres cubes font $5647^{doubles\ décalitres},87$? Évaluez ces nombres en centimètres cubes et en millimètres cubes.

336. — Une dent d'éléphant pèse $55^{kilog},17$, et deux nègres du Congo mettent 3 mois et 8 jours pour l'apporter à la côte,

où elle se vend 18^f,47 le kilog., dont 28 p. 100 pour le bénéfice de l'entrepreneur nègre. On demande à combien revient le
salaire et la nourriture de chacun des porteurs.

337. — Le kilogramme d'ivoire, à Liverpool, se vend 24^f,78,
il y a $\frac{2}{7}$ de déchet quand on le travaille en objets pesant 7^{gr},58
chacun. Le travail coûte 1 fois et $\frac{5}{17}$ la valeur de l'objet fabri-
qué, on demande combien coûte chaque objet et combien il y
en a dans 28^{kilog},558.

338. — Le poids de la fonte est de 7^{fois},58 celui de l'eau,
on demande quel est le volume d'une pièce de fonte pesant
618^{kilog},558.

339. — Quel est le poids des rails d'une ligne de chemin
de fer qui a 4 voies?

La longueur du chemin étant 83 526 kilomètres et le poids
du mètre courant de chaque rail étant de 37^{kilog},5.

Résoudre, avec les données suivantes, les questions analogues :

1° Le chemin à 3 voies;

2° Le chemin à 2 voies;

3° Le chemin à une voie seulement, mais avec des gares d'évi-
tement à 2 voies qui sont les $\frac{5}{17}$ du chemin.

340. — Dans une ferme, en 1829, la journée de l'ouvrier
manœuvre était de 0^f,75 avec la nourriture estimée 0^f,82. Il y
avait 25 manœuvres travaillant par an 248 jours. Quelle dépense occasionnait ce travail? Maintenant, le prix de la journée
a augmenté de 78 p. 100 et la nourriture de 65 p. 100, on
demande ce que coûterait le même travail, les ouvriers travaillant 12 heures au lieu de 14 heures par jour, et le travail produit actuellement, par heure, étant $\frac{2}{45}$ plus grand
qu'en 1829?

341. — Dans le travail de la pierre, il y a les $\dfrac{3}{52}$ de déchet et l'on doit obtenir une quantité de pierre taillée ayant un volume de 1743$^{\text{m.c.}}$,554. On demande quel est le volume qu'il aut prendre à la carrière, sachant que, dans le transport, il y a perte de 2 1/2 p. 100 par suite du chargement, du décharge-ment et des accidents de route?

342. — Faire les calculs indiqués ci-dessous :

$$\frac{\left(37 + \dfrac{5}{7}\right)\left(49 - \dfrac{2}{3} + \dfrac{11}{17}\right)\cdot\dfrac{23}{85}}{\left(22 - \dfrac{11}{68} + \dfrac{2}{15}\right)\left(\dfrac{5}{19} \times 7 - 4 + \dfrac{2}{17}\right)}.$$

Simplifier le plus possible avant d'effectuer.

343. — Trouvez combien la livre française ancienne valait en onces, gros et grains, sachant que 50 livres valent 24^{kilog},4753, 7 onces 214^{grammes},16, 6 gros 22^{grammes},94, et 60 grains 5^{grammes},187.

344. — On évalue les quantités de monnaies d'or et d'argent du monde terrestre à 60 milliards de francs dont moitié pour l'argent et moitié pour l'or.

En admettant que partout la valeur de l'or soit à poids égal de 15 $\frac{1}{2}$ fois celle de l'argent, on demande le poids de l'argent monnayé et le poids de l'or.

345. — On admet avec quelque apparence de certitude que la for-tune publique, sur le globe terrestre, est de 6 trillions de francs.

On demande quel est l'intérêt de cette somme à 5 p. 100 ou à 5 1/2 p. 100, à 4 p. 100 ou à 4 1/2, 5 p. 100 ou 6 p. 100 et 7 p. 100.

346. — Dans certains pays nouvellement colonisés, il est assez habituel de trouver des placements à 1 p. 100 par mois, 1 1/2, 1 3/4 et même 2 p. 100.

On demande ce qu'une somme de 750 807 francs rapporte par an en calculant au moyen de chacun de ces intérêts indiqués ci-dessus *.

---

* On ne fera ces calculs que pour les intérêts simples. Le calcul pour les intérêts composés est du ressort de l'algèbre.

347. — Escompter en dehors et en dedans une somme de 4538^r,87 payable en 8 mois 7 jours au taux de 10 p. 100 par an.

348. — Les mineurs qui exploitent la houille, en Belgique, gagnent en moyenne 538 francs par an et ne sont pas logés. Répartir ce salaire annuel sur 365 jours et mettre $\frac{1}{9}$ pour le logement, $\frac{5}{14}$ pour la nourriture, $\frac{1}{15}$ pour les vêtements, et le reste pour les maladies et l'instruction.

349. — Faire les mêmes calculs en supposant que la femme gagne les $\frac{4}{15}$ du salaire du mari pendant 255 jours.

Combien le ménage a-t-il à dépenser pour chaque partie de son budget?

350. — Extraire, avec trois décimales exactes, la racine carrée de
$$\left(\frac{5,85578 \times 42,58974}{5,827 \times 9,8088} \right).$$

351. — Trouver la racine carrée du nombre ci-dessus avec une erreur relative de $\frac{1}{10}$.

352. — Dans le commerce des bois, on se sert de l'expression centistère. — Que vaut un centistère en décimètres cubes?

353. — Le bois de chauffage a conservé son ancienne longueur, soit 42 pouces anciens ou 1^m,1563636.....
On demande la valeur du mètre en pieds, pouces et lignes.

354. — On demande la valeur du pied en millimètres et fractions du millimètre.

355. — Trouver la valeur de la ligne en mètres et fractions décimales du mètre. (Voir si la différence avec les nombres suivants est appréciable. 1 mètre vaut 5 pieds 0 pouce 11^{lignes},296.)

356. — On mesure le bois par double-stère avec une membrure qui a 2 mètres de long, et on demande la hauteur de la membrure, connaissant la longueur des bois employés.

357. — On veut mesurer par décastères du bois de chauffage avec du bois ayant la longueur habituelle. Le bois a $47^m,35$ de longueur en tas et $1^m,50$ de largeur.

358. — Un réservoir, rectangulaire à fond horizontal et dont les parois sont verticales, contient de l'eau que l'on suppose à plus de quatre degrés au-dessus de zéro, ses dimensions sont : largeur, $22^m,57$; longueur, $37^m,56$; et sa hauteur est de $2^m,17$. On demande le poids que supporte le fond.

On demande ce que serait le poids si les dimensions sont pour la longueur les $\dfrac{5}{7}$, pour la largeur les $\dfrac{4}{11}$, et pour la hauteur les $\dfrac{5}{14}$ des dimensions ci-dessus*.

359. — Un tube de $10^m,032$ de hauteur et dont la section est de $2^{deci-q},057$ contient de l'eau. On demande : 1° le poids de cette eau; et 2° la pression exercée sur un centimètre carré?

360. — Trouvez la moyenne des températures suivantes, évaluées en degrés centigrades ou *Celsius :*
$31°$, $23°$, $17°$, $20°,5$, $14°,3$, $8°,3$, $0°,25$, $14°,55$, $27°,15$.

361. — Transformez en degrés de Réaumur $40°,5$ Celsius ou centigrades**.

362. — Quelle différence faites-vous entre un centimètre cube et un centième de mètre cube?
Écrivez en fraction du mètre cube chacun de ces nombres.

---

* Quand on n'indique pas la température de l'eau, il est sous-entendu qu'elle se trouve à la température normale de son maximum de densité.
** 80 degrés Réaumur valent 100 degrés centigrades.

363. — Combien d'ares y a-t-il dans un kilomètre carré? Et combien de mètres carrés dans 5 hectares 17 ares 25 centiares?

364. — Évaluez en hectares 547 829 kilomètres carrés.

365. — Évaluez en kilomètres carrés 6 787 254 hectares.

366. — Combien de litres y a-t-il dans $54^{m.cubes},62758$?

367. — Un tonneau de vin contient environ $224^{lit},7$, combien faut-il de tonneaux pour contenir 84 278 litres et combien de litres en plus des tonneaux pleins.

368. — Combien d'argent pur y a-t-il dans 5470 francs en pièces de 5 francs?

369. — Combien d'or pur y a-t-il dans 75 340 francs en pièces de 20 francs, ou en pièces de 10 francs?

370. — Dans les pièces de 2 francs, de 1 franc, de 50 centimes et de 20 centimes, combien, en poids, trouve-t-on d'argent pur?

371. — Combien pèsent 5 047 657 258 francs en or?

372. — Quel poids d'argent, en pièces de 5 francs, pour une somme égale à $\dfrac{51}{517}$ de la valeur ci-dessus.

373. — Quel poids d'argent en pièces de 2 francs faut-il pour les $\dfrac{28}{215}$ de la valeur du numéro précédent?

374. — Le mercure pèse $13^{fois},596$ plus que l'eau, on demande le poids d'une colonne de mercure ayant $0^{m},760$, le fond ayant un décimètre carré de base?

Faites le même calcul pour un centimètre carré de base.

375. — Les hauteurs des principales montagnes du globe sont les suivantes :

Hauteurs des principales montagnes du globe au-dessus du niveau de l'Océan.

ASIE.

Koniakovsky (Oural).	1645 mètres.
Klieutschewsk, volcan (Kamschatska). . . .	4804 —
Elbrouz (Caucase).	5642 —
Mont Ararat.	5155 —
Mont Everest (Himalaya).	8840 —
Liban (Syrie).	2906 —
Taurus (Asie Mineure).	2987 —

AMÉRIQUE.

Cotopaxi, volcan (République de l'Équateur).	5753 mètres.
Chimborazo (République de l'Équateur). . .	6550 —
Aconcaga (Chili).	6834 —
Montagne pelée (Martinique).	1551 —
Chipikani, volcan (Pérou).	6018 —

EUROPE.

Parnasse (Grèce).	2459 mètres.
Stromboli, volcan (îles Lipari).	901 —
Le Ballon de Guebwiller (Vosges).	1429 —
Mont-Blanc (Alpes).	4815 —
Vignemale (Pyrénées).	3298 —
Sneehatten (Norvège).	2500 —

OCÉANIE.

Assomption, volcan (îles Mariannes). . . .	639 mètres.
Tomboro, volcan (Sumbawa).	2516 —
Mowna-Roa, volcan (île Owhyac, Sandwich).	4838 —
Tobreonou (Otahiti).	3754

AFRIQUE.

Mont du Pic (Açores).	2412 mètres.
Pic de Ténériffe, volcan (îles Canaries). . .	5710 —
Kilimaujaro (Afrique équatoriale).	6096 —
Atlas (Maroc).	3475 —

DIVERS.

Passage du Grand-Saint-Bernard.	2472 mètres.
Passage de Tourmalet (Pyrénées).	2177 —
Passage de Paquani (Cordillères).	4641 —

Comparez entre elles ces hauteurs deux à deux, soit par différence soit par quotient, en commençant par celles de l'Europe,
puis celles de l'Asie, etc.

376. — En admettant que la vitesse du son est de $337^m,2$ par
seconde, calculez le temps nécessaire pour qu'un bruit produit à la
hauteur de 575 mètres parvienne au sommet de chaque montagne indi-
quée dans le tableau précédent?

377. — Le diamètre de la Lune est les $\dfrac{3}{11}$ de celui de la Terre, en
prenant le quart au lieu de ce nombre, quelle est l'erreur commise?
Évaluez en fraction décimale.

378. — Le diamètre du Soleil est 112 fois celui de la Terre. Comparez le diamètre du Soleil à celui de la Lune.
Évaluez en fraction décimale.
Il y a une incertitude sur les nombres astronomiques, il ne doit être
accordé aux nombres cités qu'une valeur approximative.
Ainsi, quand on dit que le diamètre du Soleil est 112 fois celui de
la Terre, on doit ajouter approximativement.

379. — La distance du Soleil à la Terre étant estimée égale à
25 300 fois le rayon de la Terre; si l'on prend, au lieu de ce nombre,
24 000, quelle erreur commet-on?
Quelle erreur relative?

380. — Trouver, par rapport au rayon moyen de la Terre, la hauteur de la plus haute montagne de l'Asie.

381. — Faites le même calcul pour la hauteur de la plus haute montagne de l'Amérique.

382. — Même question pour les montagnes de l'Europe.

383. — Le rendement d'un hectare, dans les mauvais terrains, pour le seigle, est de 4 fois 1/2 la semence.

On demande le rendement de 7545 hectares, sachant qu'on sème 4 hectolitres par hectare.

384. — Dans les terrains de bonne qualité, le rendement est de 11 3/4 fois la semence en blé, on demande le rendement de 4754^{hectares},28, la semence d'un hectare étant de 5^{hectolitres},35.

385. — Dans les très-bons terrains, le rendement est de 18 3/4 fois de la semence, on demande le rendement de 175^{hectares},587. La semence étant de 4^{hectolitres},17 par hectare.

386. — Rendement en argent de chaque terrain des sommes précédentes, le seigle valant 12^{f},75 l'hectolitre, le blé du centre 21^{f},45 et le blé du sud 24^{f},87.

387.   ÉMIGRATION DE LA GRANDE-BRETAGNE.

	AUX ÉTATS-UNIS (AMÉRIQUE).	AUX COLONIES ANGLAISES DU NORD.	EN AUSTRALIE ET A LA N.-ZÉLANDE.	EN D'AUTRES PAYS.	TOTAL.
1868	155,552	15,505	14,466	6,709	196,525
1869	205,001	55,891	14,901	6,254	258,027
1870	196,076	55,295	17,065	8,505	256,940
Total de l'émigration de 1815 à 1870	4,472,672	1,591,791	988,425	160,771	7,913,657

Calculez les moyennes par mois des émigrations annuelles, et les moyennes annuelles pour les grandes périodes.

388. — La population de la Chine est de 360 279 897 âmes sans les tributaires, évalués à 40 millions, et la superficie de

4 041 562 kilomètres carrés, on demande combien il y a d'habitants par kilomètre carré?

Il est bien entendu que ces chiffres ne sont pas exacts.

Tous les chiffres de la statistique ne sont connus qu'avec approximation.

—————

389. — Le mille carré des États-Unis vaut $2^{kil.c.},52$, il y a 38 535 155 habitants et 5 254 764 mille carrés, on demande le nombre d'habitants par kilomètre carré?

390. — Comparer ces résultats au nombre d'habitants par kilomètre carré de la France, qui est de 70,4.

391. — Au Japon, la superficie est de 370 000 kilomètres carrés, et la population de 34 785 321 habitants. Trouver le nombre d'habitants par kilomètre carré.

392. — Le nombre d'hommes étant à celui des femmes dans le rapport de 1074 à 1107, on demande combien d'hommes et combien de femmes habitent la Chine.

393. — Au Japon, on suppose que le nombre des hommes est à celui des femmes dans le rapport de 125 à 118. On demande combien il y a d'hommes et combien de femmes.

CHAPITRE XIV

Questions diverses.

394. — Disposez en tableau, par ordre de grandeur, les coefficients de dilatation suivants : fer, 0,000011821 ; cuivre, 0,000018832; verre blanc, 0,000025859; argent, 0.000019097; platine, 0,000008842; bois de sapin, 0,000003520; granit, 0,000008968; marbre, 0,000004181 [*].

Ces nombres sont relatifs à un degré centigrade.

Trouvez les valeurs de ces nombres pour 25°, pour 50°, pour 75° et pour 100°, pour 200° et pour 300°.

---

395. — Le salaire des ouvriers de chemin de fer variant de $2^f,25$ par journée à $6^f,75$, en passant par tous les nombres intermédiaires croissant de $0^f,25$. On demande leur salaire annuel en comptant 280 jours effectifs par an.

396. — Les mêmes données que ci-dessus étant employées, on demande quelle dépense peut faire chaque ouvrier par jour de l'année complète de 365 jours.

[*] On ne saurait trop s'habituer à faire des tableaux disposés et écrits avec ordre et méthode.

397. — Théorie du plus grand commun diviseur de deux nombres entiers.

Conséquences relatives aux nombres premiers entre eux et à la décomposition en facteurs premiers.

398. — Dans une suite de rapports égaux, la somme des antécédents est à la somme des conséquents comme un antécédent est à son conséquent.

399. — Tracez sur le papier des carrés qui fassent comprendre ce que c'est qu'un are, un hectare, un kilomètre carré.

Écrivez 5 995 millions d'hectares en mètres carrés.

400. — Énumérez les bases du système métrique pour les monnaies d'or et d'argent.

Ainsi écrivez la valeur d'une monnaie d'argent en usage et donnez en regard son poids.

Dites ce que chacune des pièces en usage contient d'argent pur et de cuivre.

Comment trouve-t-on les poids des pièces d'or en usage en France.

Donnez les poids de ces pièces, soit pour la pièce entière, soit pour l'or pur, soit pour le cuivre allié.

401. — Faites les calculs indiqués ci-après :

$$1° \quad \frac{40\,000\,000}{2 \times 3,14159265}.$$

$$2° \quad \left(\frac{40\,000\,000}{2 \times 3,14159265} \right)^2 \times 4 \times 3.1415926.$$

402. — Décomposez en facteurs premiers les nombres : 5 150 740 ; 67 401 495 ; 7 403 510, et trouvez le plus petit commun multiple.

403. — Rédigez un résumé des principes relatifs à la numération écrite soit pour les nombres entiers, soit pour les fractions décimales.

404. — Si un nombre premier divise un produit de plusieurs facteurs, il divise nécessairement un de ces facteurs:

405. —
$$\sqrt[5]{\sqrt{5\,094\,768 \times 4750 \times \frac{3472}{9827}}}.$$
Faites les calculs à moins d'un centième.

406. — Exposez la théorie de la division des fractions en distinguant les différents cas. Entrez dans tous les détails relatifs aux différents cas qui peuvent se présenter, soit que le dividende ait pour valeur un nombre entier ou une fraction ou un nombre fractionnaire, soit que le diviseur ait des valeurs de ces natures diverses. Il ne faut omettre aucun cas.

407. — Composer un alliage à 947 millièmes de $54^{\text{kilog}},257$ d'argent au moyen de deux lingots, l'un à 895 millièmes, et le second à 963 millièmes.

408. — A combien de temps est l'échéance d'un billet de $7435^{\text{f}},48$, escompté à 4 3/4 p. 100, et qui a donné $7329^{\text{f}},57$?

Faire les calculs pour l'escompte en dedans et pour l'escompte en dehors.

409. — Pourquoi distingue-t-on, dans la numération en général, la numération parlée de la numération écrite?

410. — Qu'est-ce qu'on nomme fraction de fractions?

Exemple : Prendre les cinq onzièmes des dix-sept vingt-troisièmes des quatre et trois cinquièmes de deux millions sept mille.

411. — Donnez la théorie de la division des fractions en examinant les différents cas sur les exemples suivants :

1° $\dfrac{45}{74} : 5.$

2° $54 : \dfrac{2}{7}.$

3° $\dfrac{8}{27} : \dfrac{4}{9}.$

4° $12\,\dfrac{5}{11} : 3.$

5° $14 : 5\,\dfrac{4}{9}.$

6° $18\,\dfrac{5}{11} : 6\,\dfrac{2}{5}.$

412. — Donnez les principes, en remontant jusqu'aux premiers, sur lesquels repose la notion des fractions irréductibles.

413. — Extrayez la racine carrée de 6 175 452 à moins de un millième soit comme approximation absolue, soit comme approximation relative.

414. — Prenez l'intérêt, à 5 3/4 p. 100, des $\dfrac{2}{7}$ du capital 23 547 859^{f},58 pendant 4 mois 17 jours.

415. — Quel est le principe fondamental de la numération parlée?

Quelle est l'importance du caractère zéro dans la numération écrite?

416. — Essayez d'écrire en chiffres romains vingt-trois billions sept cent vingt-sept millions deux cent trois mille quarante-huit.

Écrivez ce nombre en chiffres arabes.

417. — Divisez $557\,428\,\dfrac{53}{47}$ par 6287.

418. — Donnez la théorie du plus grand commun diviseur de deux nombres et faites les remarques ordinaires sur le plus grand commun diviseur de deux nombres quand on les multiplie par un même nombre ou qu'on les divise par un même nombre.

Comment trouve-t-on le plus grand commun diviseur par la décomposition en facteurs premiers?

419. — Partagez 8 327 458^f,57 en parties proportionnelles aux nombres $28\ \dfrac{3}{11}$, $43\ \dfrac{5}{18}$, $\dfrac{4}{35}$ et $217\ \dfrac{19}{24}$.

420. — L'escompte d'un billet, en dedans, à 7 mois 8 jours et à 6 p. 100, a été de 557^f,87. Quelle valeur nominale?
Quelle valeur actuelle?

421. — Donnez les principes relatifs aux fractions décimales : multiplication, division.
Examinez les différents cas et ramenez, autant que possible, à des types très-simples.

422. — Quelle est la fraction génératrice de la fraction 0,574 249 249 249.......

423. — La latitude d'Amiens est de 49°.55′.43″, celle de Paris est de 48°.50′.49″. Quelle est la différence?

424. — Combien y a-t-il de fois 257 centimètres cubes dans 8457,58 mètres cubes?

425. — Quel rapport trouve-t-on entre la dilatation du platine et celle du fer? Voir n° 594.

426. — Donnez les définitions de la soustraction.
Ramenez toutes ces définitions à un même principe.
D'après ces définitions, posez les principes relatifs aux changements du reste, de l'excès ou de la différence quand on augmente l'un des nombres de la soustraction ou les deux nombres, etc., etc.

427. — Pour multiplier un nombre par un produit de plusieurs facteurs, il suffit de le multiplier par les facteurs successifs. Démontrez et rédigez ce principe.

428. — Quel est le poids de $37^{kilog},258$ d'or monnayé? Combien y a-t-il de pièces de 20 francs dans cette somme?

429. — Que signifie l'expression $5.7.5.45 \times (38 \times 11.5)^2$. Peut-on l'écrire autrement?

430. — Démontrez que $\dfrac{237}{999}$ est égal à $\dfrac{237\,257}{999\,999}$ ou bien encore à $\dfrac{237\,257\,257}{999\,999\,999}\ldots\ldots$ Généralisez.

431. — Trouvez la racine cubique de $75\,843\,295$ à moins d'un cinquième d'unité.

432. — Trouver le quatrième terme de la proportion dont les premiers termes sont 2874, 546 et 8745.

433. — Trouver la moyenne proportionnelle entre les deux nombres 745 et 82.

434. — Prenez la proportion $\dfrac{274}{543} = \dfrac{822}{1629}$ et prouvez que la somme des antécédents est à la somme des conséquents comme un antécédent est à son conséquent.

435. — Dans ce même exemple, montrez que l'on peut changer l'ordre des moyens ou l'ordre des extrêmes.

436. — Écrivez la proportion dans un ordre inverse et prouvez que la différence des antécédents est à la différence des conséquents comme la somme des antécédents est à la somme des conséquents.

437. — A quoi, en arithmétique, correspond l'expression : Une quantité croît proportionnellement à 2 ou à 5, ou à un nombre entier?

438. — Que veut-on dire par l'énoncé suivant : La quantité est en raison directe de 1, ou 2, ou 5, etc.?

439. — Que veut-on dire en énonçant qu'une quantité est en raison inverse de 1, ou 2, ou 3, etc.?

440. — 28 ouvriers font 572 mètres de toile. Combien en feront 37 ouvriers?

441. — 42 ouvriers, travaillant 75 heures, font un certain ouvrage. Combien 55 ouvriers emploieront-ils d'heures pour faire le même ouvrage?

442. — Il faut 56 journées pour faire 6 840 mètres d'un certain ouvrage. Combien faudra-t-il de journées pour faire 74 542 mètres du même ouvrage?

443. — On fait 542 mètres de souterrain en 728 journées, et 158 mètres d'un autre souterrain en 842 journées, par quels nombres simples peut-on représenter les difficultés de ces travaux?

444. — On paye 5 fr. 18 cent. la douzaine de petits bidons; Combien coûteront 250 de ces bidons?

445. — 54 ouvriers travaillant 11 heures par jour et pendant 76 jours, font 18 douzaines d'anneaux. Combien faudra-t-il d'ouvriers occupés 10 heures par jour pendant 108 jours pour faire 256 anneaux semblables?

446. — Une fontaine remplit un bassin en 5 heures 53 minutes, une seconde fontaine en 5 heures 45 minutes, une troisième en 8 heures 25 minutes. Si les trois fontaines coulaient ensemble, combien mettraient-elles de temps pour remplir le bassin?

---

447. — Quatre fontaines coulent ensemble pour remplir un bassin tandis qu'un orifice, au fond de ce bassin, peut le vider.

Toutes les fontaines et l'orifice coulant en même temps, on demande quand le bassin sera vidé, sachant que la première, coulant seule, remplirait le bassin en 4 heures 52 minutes, la seconde en

5 heures 8 minutes, la troisième en 7 heures, la quatrième en 2 heures 58 minutes, l'orifice viderait le bassin en 6 heures 3 minutes.

448. — La difficulté d'un travail est représentée par 7 ; il faut à 15 ouvriers 17 heures par jour pendant 45 jours pour en faire un certain nombre de mètres :

Combien d'ouvriers faudra-t-il pour faire 3 et $\frac{4}{7}$ de plus sur un travail dont la difficulté est représentée par 8 et $\frac{5}{11}$, ces ouvriers travaillant 12 heures par jour pendant 56 jours.

449. — La vitesse de la lumière a été calculée par différentes méthodes. L'*Annuaire du Bureau des longitudes* cite les nombres suivants :

Vitesse en une seconde en kilomètres, 315 000, nombre trouvé par M. Fizeau.

Foucault avait trouvé 298 000.

On demande : 1° dans les deux hypothèses, quel chemin parcourt la lumière en 10 ans 7 mois ?

2° Combien de fois la lumière parcourt la circonférence terrestre en 3 secondes $\frac{1}{4}$.

3° Quels sont les rapports des vitesses de la lumière trouvées par Foucault et par M. Fizeau ou inversement.

CHAPITRE XV

450. — 37 ouvriers, travaillant 10 heures $\frac{1}{2}$ par jour, pendant 45 jours, ont fait un ouvrage dont la difficulté est représentée par $4 \frac{5}{11}$.

On demande combien de jours doivent travailler 43 ouvriers à un ouvrage dont la difficulté est représentée par $5 \frac{3}{12}$, en employant $8 \frac{3}{4}$ par jour *?

451. — Quelle est la difficulté d'un travail fait par 65 ouvriers travaillant pendant 4 mois et 7 jours et occupés $12 \frac{1}{3}$ par jour, lorsque l'on sait : qu'un travail dont la difficulté est représentée par $7 \frac{5}{14}$ a été fait par 39 ouvriers travaillant 5 mois $\frac{1}{2}$ et faisant des journées de $11 \frac{3}{4}$, les mois étant de 23 jours à cause des fêtes et des jours de pluie?

452. — On cherche le nombre d'ouvriers que l'on doit occu-

---

* Quand on ne spécifie pas le nombre des jours d'un mois, on prend 30 jours pour un mois, à moins qu'on désigne par leurs noms les mois.

per pour faire un travail dont la difficulté est représentée par 12 et qui a exigé des journées de 10 heures pendant 5 mois $\frac{1}{2}$, on sait d'ailleurs que certain travail a occupé 218 ouvriers à faire un travail dont la difficulté est 15 et qui a exigé 152 journées à 11 heures $\frac{1}{4}$ par jour.

453. — On demande la valeur, au pair, des pièces d'or suivantes dont les poids et les titres sont :

1° Suède. Ducat : poids, $3^{gr},482$; titre, 976 millièmes.

2° États-Unis. Double aigle (20 dollars) : poids, $33^{gr},437$; titre, 900 millièmes.

3° Mexique. Double pistole : poids, $13^{gr},500$; titre, 875 millièmes.

4° Brésil. 20 000 reis : poids, $17^{gr},926$; titre, 916 millièmes.

454. — Un lingot d'argent de $5^{kilog},217$ est au titre de 520 millièmes. On demande sa valeur en francs et fractions décimales du franc?

455. — Quelle serait la valeur d'un lingot d'or dont le poids serait les $\frac{217}{598}$ du lingot précédent et qui aurait même titre?

456. — On demande le titre d'un lingot d'argent pesant $7^{kilog},829$, sa valeur étant de $1235^{fr},548$?

457. — Combien valent, en francs, trois lingots d'or aux poids et titres suivants :

$21^{kilog},587$ au titre de 915, $7^{kilog},528$ au titre de 827 et $6^{kilog},538$ au titre de 837.

458. — Si l'on fondait en un seul les trois lingots ci-dessus, quel serait le titre du lingot?

459. — Quel est le poids de un milliard et demi en or monnayé?

460. — Un train de marchandises, composé de 26 wagons, en contient $\frac{2}{7}$ au plus à 10 tonnes, $\frac{4}{15}$ au plus à 8 tonnes et le reste à 7 tonnes et demi. On demande le poids du train en tonnes utiles?

461. — Une locomotive, avec son tender, pèse 58 tonnes, chargée d'eau et de combustible, le tout est supporté par 12 roues, quel est le poids que supporte chaque roue?

462. — Un pont supporte un train composé d'une locomotive comme celle du précédent numéro avec des wagons comme au n° 460. Le poids de chaque wagon vide est de six tonnes et un septième. On demande le poids du train?

463. — Deux points extrêmes de l'Europe et de l'Asie sont éloignés en longitude d'un nombre de degrés que l'on demande, sachant que les heures de ces deux points diffèrent de 11 heures 11 minutes 17 secondes?

464. — Un bassin géographique est composé de 528 kilomètres carrés, et l'on sait qu'il tombe quelquefois dans 24 heures 257 millimètres d'eau. On demande combien d'eau est tombée dans 7 heures 8 minutes 23 secondes dans ce bassin?

465. — On demande combien de gouttes d'eau tombent en 11 heures 14 minutes 57 secondes, dans les $\frac{515}{854}$ du bassin précédent *?

466. — Une locomotive marche seule avec une vitesse de $65^{kilom},57$ à l'heure et part 12 minutes 57 secondes après un train qui marche à $57^{kilom},23$ à l'heure; ils suivent le même sens.

---

* Il y a 20 gouttes d'eau dans un centimètre cube.

On demande dans combien de temps le train sera atteint et à quelle distance du point de départ?

467. — Calculer la valeur de la toise en mètres, sachant que 5 150 740 toises valent dix millions de mètres?

468. — Trouver la valeur, en mètres, de 65 toises 4 pieds 7 pouces 5 lignes.

469. — Trouver la valeur, en toises, pieds, pouces et lignes, de 417^m,54875.

470. — Qu'était la mesure qu'on nommait l'arpent des eaux et forêts?

471. — Qu'est-ce que l'arpent de Paris?

472. — Qu'est-ce que la lieue marine?

473. — Le gramme pèse 18^{grains},82715; que pèsent l'hectogramme et le kilogramme en grains?

474. — Que pèse l'once en grammes et fractions décimales?

475. — Le décastère est usité dans les achats et les ventes dépendant du gouvernement.

On demande la valeur, en toises cubes, de 537 décastères, 5^{stères},89?

476. — Combien la livre valait-elle de grains?

477. — Que vaut, en pieds cubes, la toise cube?

478. — Que valent, en toises cubes, 1 837 pieds cubes?

479. — Une propriété, d'un rapport de 5 475^{fr},55, a été achetée en supposant le produit du capital à 4 1/2 p. 100, et on la revend en calculant le rapport à 5 3/4 p. 100, mais le produit a augmenté de 7 1/2 p. 100 du prix d'achat primitif.

Donnez les chiffres de ces différents nombres.

480. — Calculez $\sqrt[3]{\sqrt[2]{287543} - 55\frac{28}{15}}$ à moins d'un dizième.

481. — Faites les calculs suivants :

$$\frac{\sqrt[4]{25 \cdot 47 \cdot \frac{58}{17}} - \sqrt{\frac{548}{24}}}{5.417 + \frac{3}{11} \, 28 - 247,54}$$

à moins d'un centième.

482. — Faites la multiplication abrégée, à un millième près, de 475,58274 par 58,54526.

483. — Faites la division abrégée, à moins d'un centième, de 54 287,5072 : 645,70052.

484. — Partager 6 427 007^{fr},48 en 5 parties proportionnelles aux nombres $5 + \frac{7}{18}$, $8 + \frac{4}{27}$, $11 + \frac{5}{99}$, $15 + \frac{7}{48}$ et 14.

485. — Prenez la moyenne arithmétique entre 574,525 et 705,28.

Prenez la moyenne géométrique entre ces deux nombres et voyez quelle est la plus grande de ces deux moyennes.

486. — Partager 575 845 876 en 8 parties proportionnelles aux nombres suivants : 5 et $\frac{5}{14}$, 15 et $\frac{2}{5}$, $\frac{18}{55}$, 74 et $\frac{5}{21}$, $\frac{19}{77}$, 52 et $\frac{13}{110}$, $\dfrac{24 + \frac{2}{15}}{2 + \frac{4}{55}}$, $7 + \frac{217}{550}$.

487. — Répartir la perte entre 4 associés dans une entreprise qui a donné une perte de 147 654^{fr},28.

Les mises de chacun des associés étaient les suivantes :

Le premier avait placé d'abord 28 964 francs, et après 4 mois il avait ajouté 16 548 francs.

Le second a placé 75 857 francs qui sont restés pendant les 21 mois qu'a duré l'entreprise.

Le troisième a mis à l'origine 85 749 francs, et après 8 mois il a retiré 19 527 francs.

Enfin, le quatrième associé avait placé d'abord 19 548 francs, et au bout de 9 mois il a ajouté 59 869 francs.

488. — Une bande, composée de 18 bœufs de 751^{kilog},5 en moyenne se vend à 0^{fr},98 le kilogramme; on demande le prix de tous les bœufs et ensuite le prix auquel on peut vendre 14 de ces bœufs en ajoutant 14 p. 100 pour les frais de transport, 6 1/2 p. 100 de bénéfice et 5 p. 100 d'assurance.

489. — Le mouton se paye 1^{fr},55 le kilogramme, on y ajoute 25 p. 100 pour assurances, frais de transport et bénéfice à la vente en détail. On demande combien on pourra acheter de kilogrammes avec une somme de 7809^{fr},43, quel débours fera le détaillant en principal et combien pour les frais et le bénéfice, enfin que payera le consommateur soit par kilogramme, soit pour la totalité.

On néglige ici le prix des peaux et des abats.

490. — On veut consacrer 153 460 francs à acheter des chevaux, $\frac{1}{3}$ à 580 francs, $\frac{1}{6}$ à 760 francs et le reste à 985.

Combien de chevaux aura-t-on dans chaque espèce et combien restera-t-il d'argent qui ne pourra pas être employé?

491. — On a perdu 105 228 450 francs dans une Compagnie par actions au capital de 125 millions de francs. On demande ce que vaut, actuellement, une action primitive de 500 francs?

492. — Un chemin de fer devait coûter 408 574 000 francs.

On s'est trompé en moins, dans l'évaluation, de 17 p. 100. Combien faut-il demander en plus pour achever le chemin de fer?

493. — Une petite société, au capital de 14575 francs, perd, la première année, 7 p. 100 de son capital; la seconde année, elle perd 6 1/2 p. 100 du capital restant; enfin, la troisième année, elle gagne 25 p. 100 du capital restant.

On demande quel est le capital à la fin de la troisième année, et ce qui reviendra à chaque action de 25 francs.

494. — Transformez en secondes un arc de 117° 58′ 57″.

495. — Retrouvez les degrés, minutes et secondes d'un arc qui contient 11 754″.

496. — On veut partager le bénéfice net d'un chemin de fer dans les conditions suivantes :

2 p. 100 aux administrateurs, $\frac{1}{2}$ p. 100 à la caisse de retraites, 1 p. 100 pour le fonds de réserve après prélèvement de 5 p. 100 sur un capital de 575 millions de francs.

Le bénéfice brut était de 50 057 486^{fr},45, quel sera le dividende par action de 500 francs ?

497. — Faites les calculs indiqués au numéro précédent en ajoutant aux intérêts avant bénéfice net $\frac{1}{12}$ p. 100 du capital pour l'amortissement.

498. — Qu'est-ce qu'un nombre?

499. — Donnez une définition générale d'un nombre abstrait.

500. — Qu'est-ce qu'un nombre concret?

501. — Donnez des exemples de nombres complexes.

5C2. — Faites les carrés des nombres entiers de 1 jusqu'à 250 par voie d'additions et vérifiez en opérant directement.

503. — Calculez l'expression :

$$\frac{275 \cdot \dfrac{4}{5^2} + 48^2 \cdot \dfrac{5}{8} - 74 \cdot \dfrac{5^2}{24}}{552 - 32 \cdot \dfrac{5}{12} + \dfrac{25}{72}}.$$

Simplifiez et vérifiez comme exercice de calcul sans faire les simplifications.

504. — Calculez $\sqrt{2 \cdot 9{,}8088 \cdot 548}$ à $\dfrac{1}{8}$ près.

505. — $\sqrt{\dfrac{5 \times 7{,}857 - 2^3 \cdot 0{,}0072}{8 \cdot 0043 - 5^3 \cdot 0{,}00001824}}$ à un dix-millième.

506. — Le rayon de la terre considérée comme sphérique est de 6 566 198 mètres.

Quel est le rapport de la plus haute montagne du globe à ce rayon moyen de la terre? Voir n° 375.

Comparez ainsi au rayon moyen de la terre les différentes hauteurs des montagnes.

Indiquez le moyen le plus simple d'obtenir ces rapports.

507. — La circonférence de la terre à l'équateur est divisée en 360 degrés : chaque degré se divise en 60 minutes, et chaque minute en 60 secondes; on demande combien la circonférence de la terre contient de minutes.

On demande combien la circonférence de la terre contient de secondes.

On écrit : 1 degré vaut 60 minutes; 1 minute vaut 60 secondes.

508. — La terre, tournant en 24 heures, on demande combien de degrés tournent en une heure.

4.

509. — Faire un alliage d'or de 17^{kilog},537 au titre de 907 millièmes avec deux alliages, l'un au titre de 858 et l'autre au titre de 950. Combien faut-il prendre de chacun des alliages?

510. — Composez 867 litres de vin à 0^{fr},65 avec du vin à 0^{fr},47 le litre et du vin à 0^{fr},88 le litre. Combien faut-il de chaque espèce de vin?

511. — Trois associés mettent dans une spéculation les sommes suivantes et font un bénéfice total, après 17 mois, de 48 258 francs, combien doit recevoir chaque associé.

Le premier place d'abord 17 500 francs et au bout de 5 mois ajoute 45 652 francs.

Le second place d'abord 114 500 francs et retire, au bout de 7 mois, 63 287 francs.

Le troisième place d'abord 25 518 francs et ajoute 59 842 francs au bout de 5 mois.

512. — Aux $\dfrac{23}{11}$ d'un nombre on ajoute 417 et on en retranche les $\dfrac{2}{7}$ du nombre, on trouve alors 642 augmenté des $\dfrac{5}{22}$ du nombre inconnu; quel est ce nombre?

513. — Un rouleau de papier peint commun pour tapisserie a 8 mètres et sa largeur a 50 centimètres, il coûte 58 centimes le rouleau. On a besoin de 542 mètres carrés de ce papier, on en demande le prix.

514. — On a une surface à couvrir égale à celle du n° 515 avec de l'étoffe de 76 centimètres de largeur à 87 centimes le mètre. On demande le rapport des dépenses.

515. — On suppose que 1754 ouvriers sont partagés en 5 sections.

La première section est composée des $\frac{3}{7}$ environ du nombre donné; la seconde section contient $\frac{7}{23}$ environ de ce nombre; la troisième contient le reste.

La première section travaille $1\frac{1}{4}$ plus rapidement que la seconde qui, elle-même, travaille $1\frac{1}{5}$ plus que la troisième.

On doit faire un travail en employant tous ces ouvriers, on demande dans quelles proportions devront travailler chacun des groupes d'ouvriers pour faire chacun un travail égal.

515 *bis*. — Comme application, supposez qu'il faut faire 52548 pièces d'étoffes dont le $\frac{1}{4}$ exige 5 fois plus de travail que le reste et faites le calcul en admettant que chaque groupe a une portion égale des pièces à tisser.

516. — Une montre avance de 11 minutes 55 secondes pendant 5 jours 7 heures 48 minutes. On demande de combien elle avancera :
1° En un jour;
2° En 7 jours et 4 minutes;
3° En 18 heures 57 minutes;
4° Dans 15 jours 17 heures 25 minutes.

517. — La montre du n° 516 marquant 5 heures 17 minutes, on demande à quelle heure, corrigée des erreurs qui ont été indiquées, les aiguilles se rencontreront une première, une seconde et une troisième fois.

518. — Définissez ce que c'est que la vitesse d'un cheval, d'une voiture, d'un courrier, d'une locomotive et enfin des aiguilles d'une montre; et prouvez, par des exemples, qu'il est très-facile de résoudre les problèmes relatifs à des questions de rencontre de gens ou d'animaux ou de véhicules, etc., qui se poursuivent ou vont à la rencontre les uns des autres.

519. — Montrez, par des exemples, qu'il y a des nombres incommensurables très-petits, en sorte que dire qu'un nombre est incommensurable ne signifie pas que ce nombre est très-grand.

En un mot, il y a des nombres incommensurables très-grands, d'autres ordinaires, d'autres très-petits.

519 bis. — Donnez une définition de l'Arithmétique, et ne dites pas que l'Arithmétique est la SCIENCE DES NOMBRES.

CHAPITRE XVI

Additions.

Dans les examens pour le baccalauréat et les grandes écoles du gouvernement, on résout, au moyen de l'algèbre, beaucoup de questions ou problèmes simples qui étaient autrefois résolus par les seuls secours de l'arithmétique. Ce n'est pas ici le lieu de discuter les raisons qui ont fait adopter cette marche.

Il est certain que ces petits problèmes, résolus au moyen du raisonnement, forcent l'attention et habituent à l'exercice de la mémoire et à une utile contention de l'esprit.

Nous engageons le lecteur à résoudre par l'arithmétique les petits problèmes suivants.

---

520. — Les $\frac{3}{7}$ de mon avoir sont égaux à 2543 francs, quelle est ma fortune?

521. — Si aux $\frac{5}{12}$ de ma fortune j'ajoute encore 3542 francs, il me restera les $\frac{3}{4}$ de cette fortune.

PROBLÈMES SUR LES COURRIERS.

522. — Deux courriers vont à la rencontre l'un de l'autre de deux points éloignés de 5438 kilomètres et partent à la même heure, l'un fait $23^{kilom},7$ à l'heure en moyenne, l'autre fait $18^{kilom},5$.

On demande au bout de combien de temps ils se rencontreront et quel chemin aura fait chaque courrier?

523. — Un levrier poursuit un lièvre qui a 78 sauts d'avance; le levrier fait 7 sauts pendant que le lièvre en fait 9, mais 5 sauts du levrier en valent 8 du lièvre; on demande au bout de combien de sauts le lièvre sera atteint par le levrier.

524. — Si des $\dfrac{5}{7}$ d'un nombre vous retranchez 458, il vous en reste les $\dfrac{4}{15}$; quel est ce nombre?

525. — Une montre marque 2 heures 57 minutes, on demande au bout de combien de temps les deux aiguilles se rencontreront?

526. — Une montre marque 8 heures 45 minutes 57 secondes, on demande dans combien de temps les aiguilles des heures et des minutes se rencontreront?

527. — Pour les expériences, dans l'exploitation des chemins de fer, on emploie des montres dans lesquelles il y a deux aiguilles qui marquent les minutes et les secondes.

Dans une montre pareille, on demande comment se font les rencontres des deux aiguilles, de zéro minute à 60 minutes.

528. — Une montre à aiguilles de minutes et secondes marque 7 minutes et 37 secondes, dans combien de temps se rencontreront les aiguilles?

529. — Le change sur l'Italie étant de 22 p. 100 de perte, combien valent, en *lires* italiennes, 576 342^{fr},34?

---

530. — Quels sont les principes de la numération parlée soit pour les nombres entiers, soit pour les fractions décimales, soit pour les fractions ordinaires?

530 *bis*. — Quels sont les principes relatifs à la numération écrite pour les nombres entiers, pour les nombres décimaux e les fractions décimales, puis pour les fractions ordinaires ou les nombres fractionnaires.

Donnez les conséquences qui résultent de toutes ces conventions.

EXERCICES DE RÉDACTION

531. — Quels sont les principes fondamentaux et les conventions, soit pour la numération écrite des nombres entiers, soit pour la numération des fractions décimales?

532. — Exposez les procédés employés pour faire l'addition des nombres entiers, soit pour faire l'addition des nombres décimaux.

533. — Examinez les différents cas qui se présentent dans la soustraction des nombres décimaux, entiers et fractionnaires.

Dites ce que c'est qu'une *preuve*, soit pour l'addition, soit pour la soustraction des nombres entiers et décimaux.

534. — Comment fait-on une table de multiplication de 1 à 9 de la manière la plus simple?

L'examen des nombres de cette table de multiplication ne met-elle pas sur la voie des principes sur les facteurs d'un produit?

535. — Retranchez l'unité de 10, de 100, de 1000, et généralisez en exposant que l'unité suivie d'un nombre quelconque de zéros est un multiple de 9 avec un reste égal à l'unité.

Expliquez ce que c'est que la preuve de la multiplication dite par 9 et prenez des exemples.

536. — Quels sont les principes sur lesquels on s'appuie pour faire la preuve dite par 11. Rédigez ces principes

537. — Rédigez par ordre les énoncés des principes relatifs à des produits de plusieurs facteurs, en exposant les conventions adoptées.

538. — Rédigez les démonstrations relatives aux principes du numéro précédent.

539. — Montrez, par des exemples que vous choisirez vous-mêmes et en vous servant des indices des puissances, comment, dans certains cas, les indications des calculs sont simplifiés par les principes des deux numéros précédents.

540. — Exposez les différents cas de la multiplication des nombres décimaux.
Prenez des exemples simples et généralisez.

541. — Donnez, sur la théorie de la division, les détails rédigés avec méthode, en prenant des exemples.
Donnez les différentes définitions de la division des nombres entiers.
Généralisez en appliquant les définitions et la théorie sur les différents cas de la division des nombres décimaux.
Exposez les moyens qu'on emploie pour vérifier les opérations sur les nombres entiers.

542. — Rédigez les principes connus sur la division par des diviseurs successifs en énonçant ces principes et en les démontrant.

543. — Définissez avec soin une fraction et un nombre fractionnaire. Examinez les changements qu'on fait subir à une fraction en augmentant ou en diminuant son numérateur, en le multipliant ou le divisant.

Puis supposez que le dénominateur augmente ou diminue, ou bien qu'on le multiplie ou le divise.

544. — Rédigez la démonstration relative aux fractions irréductibles.

545. — Démontrez que deux fractions irréductibles égales sont identiques et énoncez les principes sur les nombres premiers entre eux qui servent dans les démonstrations de ces deux numéros.

546. — Donnez la théorie de la multiplication et de la division des fractions ordinaires. Examinez les cas des fractions de fractions.

547. — Étendez aux fractions les principes démontrés sur les facteurs d'un produit.

Énumérez ces principes.

548. — Simplification des fractions et réduction des fractions à un même dénominateur.

549. — Rédigez la théorie de la racine carrée d'un nombre entier en prenant un nombre de sept chiffres.

Étendez la théorie à un nombre décimal ayant cinq chiffres décimaux.

550. — Donnez quelques exemples de cas où l'on reconnaît de suite que la racine d'un nombre entier est incommensurable; par exemple si le nombre est pair ou s'il est terminé par un cinq.

551. — Exposez les principes de la recherche d'une racine carrée avec approximation soit à moins d'une unité ou d'une fraction d'unité.

Dites ce que c'est que la racine avec approximation absolue et avec approximation relative. Donnez des exemples sur des nombres entiers, sur des nombres fractionnaires et sur des fractions ordinaires ou décimales.

552. — Conventions relatives au système métrique pour les longueurs, les surfaces, les volumes et les capacités. Insistez sur la définition du centimètre carré, du décimètre cube et du centimètre cube. Montrez que si on n'apporte pas dans ces calculs une grande attention, on peut être conduit à faire des erreurs grossières et très-considérables. Prenez des exemples soit en consultant le présent QUESTIONNAIRE, soit en choisissant vous-même des nombres spéciaux.

553. — Exposez les conventions relatives aux monnaies d'or et d'argent. Dites quels sont les poids des différentes pièces en usage, et ce qu'elles contiennent de fin en poids.

554. — En quoi consiste la question de la valeur au pair des monnaies d'or ou d'argent?

Connaissant la composition de l'argent monnayé ou de l'or, donnez la valeur du kilogramme d'argent pur et du kilogramme d'or sans alliage?

555. — Quelles sont les conventions relatives aux poids du système métrique.

Dites quels sont les poids d'un mètre cube d'eau, d'un décimètre cube, etc.

556. — Comment divise-t-on la circonférence d'un cercle? — Dites combien il y a de minutes dans la circonférence et combien de secondes.

557. — Comment peut-on résoudre les questions relatives aux règles de trois, de société, de mélanges, d'alliages, d'intérêts et d'escompte?

Examinez aussi quels problèmes directs ou inverses on peut se proposer dans ce genre de questions.

558. — Dans l'industrie manufacturière, les journées de 4^{fr},50 à 8 francs sont communes, mais l'ouvrier qui gagne par journée 4^{fr},50 est occupé dans l'année $\frac{1}{6}$ de plus que ceux qui gagnent 8 francs par jour. Ces derniers, pour chômage, fêtes, maladies, travaillent seulement les $\frac{17}{24}$ de l'année.

On demande ce que peut dépenser, par jour, chaque espèce d'ouvrier, en mettant de côté, pour les cas graves, $\frac{5}{70}$ de leur salaire.

559. — Disposez, en tableaux comparatifs, les différents éléments de la question précédente, en les appliquant : 1° à la journée; 2° à la semaine; 5° au mois; 4° à l'année.

560. — On veut débiter un bloc de bois d'acajou qui a 64 centimètres d'épaisseur en feuilles de $\frac{4}{11}$ de millimètre d'épaisseur, en sachant que le trait de scie est les $\frac{5}{7}$ de l'épaisseur de chaque feuillet.

On demande combien on pourra trouver de feuilles d'acajou?

Il faut rédiger la solution de ce problème.

561. — Dans un bloc de palissandre qui cube 857,4 centimètres cubes, on veut débiter des pièces cubant 25,7 millimètres cubes.

Combien aura-t-on de ces petites pièces?

On sait que la perte occasionnée par le sciage et les défauts de la pièce donnée sera les $\frac{557}{1458}$ du volume de la pièce de palissandre.

562. — Pour escompter un billet, dans le commerce, on prend ce qu'on appelle une commission qui varie : 1° avec l'abondance ou la rareté des capitaux; 2° avec le degré de solvabilité de celui qui a souscrit le billet.

On demande, d'après ces indications, de résoudre les problèmes suivants :

a. Escompter un billet de 54 837 francs à 5 3/4 p. 100 avec 1/8 p. 100 de commission, le billet étant payable dans 2 mois 23 jours.

b. On a pris 1/2 p. 100 de commission et on a escompté à 6 3/5 p. 100 un billet payable dans 5 mois 7 jours, l'escompte en dehors ou commercial a été de 437^{fr},54.

c. Rédigez une exposition des procédés à employer pour résoudre les questions d'escompte en les compliquant de celles relatives aux commissions. Combien y a-t-il de cas généraux différents?

563. — Les dimensions des étoffes tissées à l'étranger ainsi que les longueurs varient avec les pays. On ramène ces prix et ces dimensions aux mesures françaises par un calcul très-simple. Il ne faut pas être surpris de trouver des questions basées sur des nombres qui ne sont pas usuels dans les pays qui ont adopté le système des poids et mesures qui tend à devenir universel.

Exemple :

Une étoffe a 657 millimètres de largeur; le prix de l'unité de longueur, qui est de 71,4 centimètres, est de 1^{fr},74; on demande quelle somme on dépensera pour faire tapisser un appartement qui a 14^{m},76 de longueur sur 2^{m},17 de hauteur; on sait d'ailleurs que la perte de l'étoffe, en raccords et recouvrements, est de 5 p. 100, et qu'enfin le prix de la main-d'œuvre est de $\dfrac{51}{128}$ du prix de l'étoffe réellement employée.

564. — Un méridien terrestre n'est pas une circonférence exacte, en sorte qu'il faut des méthodes fondées sur les mathématiques pour trouver la longueur de l'arc de méridien éloigné d'un nombre déterminé de degrés, minutes et secondes. Mais comme exercice de calcul élémentaire, on peut se proposer d'avoir une approximation en cherchant la distance de deux points situés sur le même méridien.

L'un est placé à 35°.17′.45″,5 de latitude nord et l'autre à 58°.34′.22″,7 de latitude nord.

La circonférence du méridien étant supposée de 40 millions de mètres.

Évaluer en lieues de 4 kilomètres.

565. — Chercher la distance de deux points de la Terre situés sur un même méridien. Le premier est situé à 11°.14′.25″,7 de latitude sud, le second est placé à 48°.55′.57″,15.

On demande : 1° la distance en myriamètres.

2° La distance en kilomètres.

3° La distance en lieues?

566. — Cherchez la distance en kilomètres de deux points situés sur un même méridien, l'un est à 25°.27′.24″,7 latitude sud, l'autre à la même latitude nord.

On suppose le méridien égal à une circonférence de cercle qui a 10 millions de mètres pour la distance du pôle à l'équateur.

567. — En vous servant de la définition de la division et de la multiplication, donnez les solutions de ce numéro et des numéros suivants :

1° Les $\dfrac{5}{7}$ d'un nombre valent 141; que vaut ce nombre?

2° Les $\dfrac{4}{15}$ des $\dfrac{7}{11}$ d'un nombre valent 274; que vaut ce nombre?

3° Si aux $\dfrac{15}{27}$ d'un nombre on ajoute les $\dfrac{7}{18}$ de ce nombre; que vaut-il quand la somme égale 214?

4° Des $\dfrac{42}{59}$ d'un nombre on retranche les $\dfrac{5}{14}$, que vaut ce nombre quand le résultat de la soustraction égale 518?

5° Aux $\frac{34}{27}$ d'un nombre on ajoute 56 et l'on trouve 91 augmenté du nombre cherché; quel est ce nombre?

568. — Un homme, interrogé sur son âge, dit : Il y a 54 ans, j'avais les $\frac{4}{7}$ de mon âge actuel augmentés de 3 ans et demi; quel est l'âge de cet homme?

569. — On propose de trouver un nombre tel, que si à 25 on ajoute les $\frac{5}{25}$ ainsi que les $\frac{5}{11}$ de ce nombre, on trouve le triple de ce nombre diminué de 45.

570. — On demande par quel nombre on peut satisfaire aux conditions suivantes :

On prend le double du résultat qu'on obtient en retranchant 28 des $\frac{4}{15}$ de ce nombre, puis on ajoute les $\frac{2}{3}$ du nombre cherché et 52. On doit trouver que ce calcul donne 104 et les $\frac{5}{5}$ du nombre demandé.

(Il faut résoudre cette question sans emploi de l'algèbre, en simplifiant d'abord autant que possible.

Il est bien entendu, d'ailleurs, que la vérification des calculs doit toujours être faite en suivant dans leur ordre toutes les opérations indiquées.)

---

571. — Donnez la règle pratique pour la multiplication des nombres entiers usuels et dites comment on vérifie les calculs par différents procédés en démontrant que ces moyens de vérification permettent généralement de compter sur l'exactitude des résultats quand les *preuves* ont été faites.

572. — Justifiez, par le raisonnement, le procédé usuel de la division de deux nombres entiers, après avoir énoncé la règle habituelle.

Examinez le cas d'un diviseur d'un seul chiffre, d'un diviseur de plusieurs chiffres et enfin le cas d'un diviseur composé de plusieurs facteurs chacun d'un seul chiffre.

573. — Un entrepreneur veut se rendre compte du rabais qu'il peut faire sur l'ensemble d'une construction qui doit coûter 6 millions et demi en faisant un bénéfice qui est indiqué plus bas.

En analysant les prix des différents ouvrages de cette construction, qui se compose de travaux de terrassements, déblais et remblais; de maçonnerie comprenant fondations, murs en moellons, pierres de taille, enduits, plâtres; de charpente en fer et bois; de couverture; de menuiserie; de serrurerie; de peinture et de pavage, il reconnaît qu'il peut faire les rabais suivants :

Sur les terrassements, $6\frac{1}{4}$ p. 100; sur la maçonnerie, $11\frac{1}{4}$ p. 100; sur la charpente, $4\frac{1}{5}$ p. 100; et sur le pavage, 2 p. 100 seulement; mais la menuiserie lui ferait perdre 4 p. 100 et la peinture $5\frac{1}{5}$ p. 100; pour les autres travaux, il peut faire $6\frac{5}{4}$ p. 100 de rabais.

Il veut, après rabais, gagner 550 000 francs, et les proportions des prix entrant dans la soumission totale sont :

$\frac{1}{24}$ et $\frac{1}{4}$ de terrassements.

$\frac{2}{12}$ et $\frac{1}{4}$ de maçonnerie.

$\frac{1}{12}$ et $\frac{1}{5}$ de charpente.

$\frac{5}{24}$ de menuiserie.

$\frac{1}{12}$ et $\frac{1}{2}$ de serrurerie.

$\frac{2}{24}$ et $\frac{1}{5}$ de peinture.

$\frac{3}{48}$ de pavage.

Le reste, $\frac{1}{3}$ pour la couverture.

$\frac{2}{3}$ pour la fourniture des échafaudages et les outils.

(On engage le lecteur à rédiger avec soin la solution d'un pareil problème, où les détails sont multipliés avec intention, mais qui, en définitive, ne présente aucune difficulté.)

574. — En supposant qu'un entrepreneur, en concurrence avec le précédent, veuille faire un rabais général de $5\frac{1}{2}$ p. 100, sans se préoccuper d'un bénéfice déterminé à l'avance, on demande de comparer les deux soumissions.

575. — Le prix de l'or à $\frac{1000}{1000}$ (prononcez mille millièmes, c'est-à-dire sans alliage) étant de 3444^{fr},44, plus 444 millièmes de centime, que l'on néglige à moins de lingots de plusieurs dizaines de kilogrammes ; on demande la valeur du kilogramme à 10 millièmes de fin, $\frac{20}{1000}$, $\frac{30}{1000}$, etc., $\frac{100}{1000}$ de fin, $\frac{200}{1000}$, et enfin $\frac{980}{1000}$ de fin.

576. — Nous avons supposé, dans le numéro précédent, que l'or est payé sans retenue, mais à la Monnaie, le prix du kilogramme est payé avec une retenue telle que le prix donné est seulement de 3457 francs.

En prenant ce nombre, que vaut un lingot de 5,548 kilogrammes à 748 de fin.

5.

Puis d'un second lingot de 4^{kilog},549 à 918 de fin.

Supposez l'alliage de ces deux lingots et dites le prix du kilogramme de cet alliage ainsi que son titre.

577. — Dans quel cas un nombre est-il divisible par 24, ou par 56, ou par 45?

Rédigez les raisonnements et généralisez.

578. — Expliquez pourquoi, dans les règles usuelles de la multiplication des fractions ordinaires, on doit s'abstenir d'employer les expressions IL FAUT, ON DOIT.

Donnez des exemples et écrivez les règles à suivre.

579. — Sur la division des fractions ordinaires faites les mêmes remarqués que pour la multiplication des fractions.

Prenez des exemples et rédigez les règles usuelles.

580. — Donnez la règle pratique de l'extraction de la racine cubique d'un nombre entier en prenant pour exemple l'extraction de la racine cubique de 55 millions.

581. — Pourquoi, en arithmétique, attache-t-on une grande importance à la recherche du plus petit nombre en même temps divisible par deux autres nombres, ou par trois, quatre... nombres donnés?

Prenez des exemples et rédigez les raisonnements au moyen desquels on trouve de tels nombres.

582. — Donnez des exemples d'une règle de trois simple et d'une règle de trois composée, et dites comment on peut résoudre ces sortes de questions.

583. — Le prix du kilogramme, au tarif de la Monnaie, est de 220^{fr},56 pur, c'est-à-dire à 1000 millièmes, tandis que sa valeur réelle ou sans retenue est de 222^{fr},22, en négligeant 222 millièmes de centime.

Dans ces conditions, on demande, aux deux prix indiqués ci-dessus, les valeurs de un milliard et demi d'argent à 900 millièmes et pour l'argent sans retenue en prenant le prix d'abord sans les millièmes de centime, et en second lieu avec cette retenue.

584. — Combien vaut un lingot d'argent du poids de $5837^{kilog},218$ au titre de $787\frac{1}{2}$ en prenant les deux prix du kilogramme d'argent donnés ci-dessus.

Comparez ces deux prix.

585. — Dans une proportion, le produit des extrêmes est égal au produit des moyens.

Conséquences de ce principe.

586. — Partages proportionnels. Donnez des exemples et des applications à ce qu'on nomme règles de société simples et composées.

587. — Par quel raisonnement montrez-vous que l'on peut appliquer aux radicaux du 2me degré les principes relatifs aux facteurs d'un produit?

L'analogie ne suffit pas pour admettre l'exactitude de ces énoncés, il faut une démonstration.

588. — Divisions de quantités placées sous le signe : racine carrée ou cubique. Simplification dans des cas particuliers.

589. — Multiplications et divisions de quantités, les unes sans radicaux, les autres avec des quantités radicales. Simplifications dans certains cas.

590. — Énoncez les conditions d'un problème sur ce qu'on appelle bassins, fontaines et orifices. Comment trouve-t-on les nombres demandés dans ces sortes de questions.

591. — Quelle partie d'un bassin sera remplie dans les conditions suivantes :

Il y avait les $\frac{2}{15}$ du bassin remplis quand on a ouvert en même temps et pendant 54 minutes : cinq robinets qui faisaient de l'eau et au fond deux orifices d'écoulement.

Des expériences préalables ont appris : que le premier robinet peut remplir les $\frac{5}{9}$ du bassin en 3 heures $\frac{1}{4}$.

Le second fournit les $\frac{8}{11}$ du bassin en 1 heure 57 minutes.

Le troisième emplit deux fois la totalité du bassin en 3 heures $\frac{1}{2}$.

Le quatrième emplit les $\frac{2}{3}$ du bassin en 4 heures $\frac{3}{4}$.

Le cinquième ne donne, en 1 heure 27 minutes, que la 17ᵐᵉ partie du bassin.

Pour les deux orifices d'écoulement, le premier peut vider les $\frac{3}{5}$ du bassin en 28 minutes, tandis que le second orifice viderait 3 fois le même bassin en 1 heure 47 minutes.

592. — Quatre associés font une entreprise qui dure 2 ans et 4 mois et liquident avec un bénéfice de 748 650 francs avec des mises de 250 000 francs pour le premier, du 5ᵐᵉ en sus pour le second, d'un 7ᵐᵉ en moins pour le troisième, et de 2 fois $\frac{1}{4}$ pour le quatrième.

Pendant l'association, le premier ajoute les $\frac{3}{14}$ de sa mise au bout de 8 mois $\frac{1}{2}$ et retire, après 17 mois $\frac{1}{3}$, 58 450 francs.

Le second, après 14 mois, ajoute les $\frac{3}{7}$ de sa mise, plus 22 000 francs.

Le troisième retire $\dfrac{1}{14}$ de sa mise après 19 mois.

Enfin, le quatrième retire, après 7 mois, 52 000 francs et $\dfrac{2}{15}$ de sa mise.

593. — En prenant pour exemple le nombre de dix millions et quatre septièmes de quinze millions, donnez la suite des raisonnements au moyen desquels on donne la règle de l'extraction de la racine carrée d'un nombre fractionnaire à moins d'une unité ou à moins d'une fraction donnée.

Examinez le cas d'une approximation à un dixième, un centième ou un millième près.

Donnez d'abord les définitions et faites du tout une rédaction concise, mais n'omettant aucun principe essentiel à la rigueur des raisonnements.

594. — Rédigez avec méthode ce qui est relatif à la réduction de plusieurs fractions au même dénominateur.

595. — En supposant que les roues d'un wagon ne glissent pas sur le rail d'un chemin de fer, on demande combien de tours doit faire une roue qui a 6^{mètres},2851 de circonférence pour faire 5857^{kilomètres},572.

596. — Combien de tours ferait une roue de 9^{m},458 de circonférence pour faire le même trajet.

Prenez les rapports des deux nombres.

597. — Une roue de locomotive peut faire 57 000 kilomètres sans avaries; sa circonférence étant de 11^{m},4758, combien pourra-t-elle faire de tours sans être changée.

598. — Prenez les rapports des circonférences de ces trois sortes de roues et voyez quels sont les nombres de tours pour chacune de ces roues dans des trajets de 10 000 kilomètres, ou de 150 000 kilomètres.

599. — Une personne veut acheter de la rente à 94^{fr},76 5 p. 100 au moyen de rente 5 p. 100 à 59^{fr},58 et d'obligations de chemins de fer 4 p. 100 à 517^{fr},40. Elle doit payer $\frac{1}{8}$ p. 100 à l'agent de change pour l'acquisition des rentes 5 p. 100 et $\frac{1}{16}$ p. 100 pour la vente des autres papiers.

Elle veut ainsi posséder 5400 francs de rente, en supposant qu'elle veut vendre $\frac{1}{4}$ en rente 5 p. 100 et $\frac{5}{4}$ en obligations.

On demande les chiffres de l'opération, en détail et en bloc.

On demande enfin comment son argent sera placé.

600. — Un convoi de 55 wagons pleins, chargés : $\frac{1}{7}$ à 10 tonnes, $\frac{1}{5}$ à 8500 kilogrammes, $\frac{2}{7}$ à 8200 kilogrammes et le reste à 7900 kilogrammes. Les charges sont indépendantes du poids des wagons, qui sont environ les $\frac{45}{1000}$ des poids utiles, on demande le poids total du train.

601. — Un train de wagons vides est composé de 28 wagons à quatre roues et de 55 wagons à six roues; on demande quel sera le nombre des tours de toutes les roues, en admettant que les roues des wagons à quatre roues ont 6^{m},2852 de circonférence et que les autres ont $\frac{1}{5}$ en plus, le parcours total étant de 858 kilomètres.

602. — Dans un hospice qui renferme 24 lits, on donne un volume d'air de 22 mètres cubes par lit; on demande la longueur de la salle, sachant que la hauteur de la salle est de 5^{m},28 et que la largeur est de 7^{m},58.

603. — Un marchand de vin mélange 218 litres à 0^{fr},87 avec 552^{litres},45 à 0^{fr},59; il veut gagner 1^{fr},67 par décalitre : combien devra-t-il vendre son mélange?

604. — Prenez le millimètre cube pour unité et écrivez le volume d'animaux microscopiques ayant 1 dix-millième de millimètre dans les trois dimensions, c'est-à-dire valant chacun un cube ayant un dix-millième de millimètre de côté.

Dites aussi combien contiennent de ces animaux un centimètre cube et un volume égal à un litre.

605. — Calculez les vitesses, par heure et par journée, des vents qui font 2^{m},4 par seconde, ou 5^{m},1 par seconde; ou 7^{m},58 par seconde, ou 22^{m},17 par seconde et enfin 40 mètres par seconde.

606. — Cherchez les vitesses, par seconde, de locomotives qui font 67 kilomètres à l'heure, ou bien 58 kilomètres à l'heure et enfin 25 kilomètres à l'heure.

607. — Comparez les différentes vitesses des vents et les vitesses des locomotives données et trouvées dans les deux numéros précédents.

608. — Divisez 180°.17′.27″,5 par 19″,45, et poussez la division jusqu'aux millièmes de seconde.

609. — Dans les calculs du commerce ou des grands travaux de voies de communication, on emploie des méthodes expéditives pour les multiplications; par exemple, on ne multiplie pas directement par 9, mais on multiplie par 10 moins un; on ne multiplie pas par 5, mais on multiplie par 10 divisé par 2.

Au lieu de multiplier par 25, on multiplie par 100 divisé par 4.

Exemple : Multipliez 98 088 par les facteurs 985×5 et 25×7.

Vérifiez en opérant suivant la marche ordinaire.

610. — Pendant les grandes chaleurs, les ouvriers employés aux terrassements peuvent, avec avantage, faire une boisson composée, de $1^{\text{kilog}},575$ par homme et par jour avec de l'eau mélangée de $1\frac{5}{4}$ p. 100 d'acide sulfurique; on demande combien il faudra employer d'eau et d'acide sulfurique pour un nombre d'ouvriers travaillant 57 jours, quand il y a 2 457 ouvriers.

611. — Il faut, aux ouvriers de la campagne, pour leur nourriture, $0^{\text{kilog}},742$ de pain à $0^{\text{fr}},41$ par homme et par jour; $0^{\text{kilog}},417$ de viande à $1^{\text{fr}},18$ et $\frac{2}{5}$ de litre de vin à $0^{\text{fr}},40$, et $0^{\text{fr}},18$ de légumes; plus, pour blanchissage et logement, $0^{\text{fr}},17$.

On demande quelle dépense exige un atelier d'ouvriers formé de 558 hommes et de $\frac{2}{7}$ de femmes, ces dernières exigeant une dépense égale à $\frac{14}{25}$ de celle des hommes?

612. — Une montre retarde, pour 5 jours 7 heures et 28 minutes, de 7 minutes 18 secondes. Elle marque 5 heures 57 minutes le matin où l'on a constaté le retard, et le soir elle marque 7 heures 59 minutes. On demande les heures vraies le matin et le soir, ainsi qu'à l'heure où il doit être midi.

Il faut rédiger les réponses à ces questions en expliquant la solution.

613. — On doit s'élever, par une pente uniforme évaluée en millimètres pour un mètre, sur une montagne ayant une hauteur de $548^{\text{m}},64$ sur une longueur de $25^{\text{kilom}},519$; on demande quelle sera la pente.

En supposant que l'on veut $\frac{1}{40}$ du chemin en ligne, sans pente, on demande quelle sera la pente uniforme du reste de la route.

614. — Un souterrain, de 12458 mètres, était évalué à une dépense moyenne de 2458 francs par mètre; les entrepreneurs ont fait un rabais de $5\frac{3}{4}$ p. 100; on demande comment l'opération s'est liquidée, sachant que $\frac{2}{7}$ du chemin n'ont coûté que 2055^{fr},45 par mètre; les $\frac{3}{11}$, 1754^{fr},28 par mètre; $\frac{2}{17}$, 1659^{fr},25 par mètre; le reste ayant coûté $11\frac{1}{4}$ p. 100 de plus que l'évaluation moyenne.

615. — Transformez en fractions ayant pour numérateur l'unité et pour dénominateur un nombre entier (avec approximation quand cela ne peut se faire exactement) les pentes suivantes :

0,001; 0,0015; 0,002; 0,003; 0,006; puis les pentes de 0,009; 0,010; 0,012; ainsi que les pentes de 0,018; 0,020 et enfin de 0,024; 0,026 et de 0,028.

616. — Du papier sans fin a 62 centimètres de large; il doit être employé à doubler une étoffe de 148 mètres de longueur sur 1^m,46 de large qui perd, comme emploi, $\frac{2}{125}$ de sa surface, tandis que le papier ne perd que $\frac{3}{215}$; on demande la longueur du papier à employer.

617. — Partagez le nombre 4758,37 en parties proportionnelles à $2\frac{3}{11}$, $8\frac{3}{12}$, $\frac{52}{22}$ et $5\frac{4}{55}$.

618. — Le change sur Vienne (Autriche) étant de 258, on demande combien on aura de florins pour 2 847 548 francs?
Le pair du florin est de 2ᶠʳ,48.

619. — On demande combien on aura de francs pour 5 548 967,54 florins.

620. — Le change sur Londres est de 25ᶠʳ,45 $\frac{1}{2}$. La valeur de la livre sterling étant de 25ᶠʳ,24, on demande combien on aura de florins d'Autriche pour 245 847 livres sterling.

621. — Dans les fleuves du Nord, au printemps, on rencontre des trains de glace qui ont les dimensions suivantes :

Longueur, 648 mètres;
Largeur, 7ᵐ,47;
Épaisseur, 0ᵐ,54.

On demande le poids d'un de ces trains, sachant que leur poids vaut 907 millièmes du poids de l'eau.

622. — Une banquise (bloc de glaces de grandes dimensions) est évaluée comme ayant une longueur de 817 mètres, 47 mètres de largeur et 11ᵐ,50 de hauteur. Le poids de la glace est les 918 millièmes de celui de l'eau. On demande le poids de la banquise?

623. — Employez la méthode dite des parties aliquotes pour faire les calculs suivants :

Multiplier 549 livres 5 onces 57 grains par 52 toises 5 pieds 9 pouces 7 lignes.

624. — Divisez 94 558 livres 8 onces 45 grains par 17 livres 4 onces 25 grains. Le quotient doit donner des toises, pieds, pouces et lignes.

625. — Trouvez le premier terme d'une proportion dont les trois autres termes sont les suivants, par ordre : $5 \frac{5}{11}$, $2 \frac{4}{7}$ et 5.

Cette proportion complétée, simplifiez les termes le plus possible et faites avec ces nombres, sans changer ceux-ci, les autres proportions.

626. — Comment *exprime-t-on*, d'une manière simple, que deux nombres sont premiers entre eux?

A quoi sert la définition faite de cette manière simple?

627. — Revenez de la fraction décimale 0,0074525525.... à la fraction ordinaire équivalente.

628. — Transformez en fraction décimale la fraction $\frac{5}{11}$, qui représente le diamètre de la Lune comparé à celui de la Terre.

629. — Faites le carré de $\frac{5}{11}$, puis le cube de $\frac{5}{11}$, faites le carré de 112 et le cube de 112.

112 est le diamètre du Soleil comparé à celui de la Terre.

630. — Quand on multiplie entre eux deux nombres concrets, de quelle nature est le produit?

Exemples :

1° Multiplier $5475^{fr},57$ par $28^{m},475$.
2° $4858^{m},257$ par $25^{fr},458$.
3° $5874^{kilog},578$ par $4^{fr},75$.
4° $78575^{kilog},5$ par $275^{m},45$.
5° $275^{m},45$ par $78575^{kil},5$.
6° $5^{h},7^{m},55^{s},25$ par 87^{m}.

631. — Quand on divise un nombre concret par un nombre abstrait, de quelle nature est le quotient?

631 bis. — Montrez, par des exemples, que les calculs sur les nombres concrets se ramènent à des calculs sur les nombres abstraits.

632. — Quand on divise un nombre concret par un nombre concret, de quelle nature est le quotient?

Exemples :

1° Division de mètres par des francs.
2° Des kilogrammes par des mètres.
3° Des kilogrammes par des francs.
4° Des heures par des kilogrammes.

633. — En remarquant que $\frac{1}{20}$ est égal à $\frac{5}{100}$, faites, au moyen des parties aliquotes, les calculs suivants :

Trouvez l'intérêt à 6 f/2 pour 100 de trois milliards sept cent mille francs.

634. — Dans une multiplication où le multiplicateur est une fraction ou un nombre fractionnaire, examinez si le produit est plus grand ou plus petit que le multiplicande?

Exemples :

1° $58 \times 5\frac{2}{7}.$

2° $\frac{4}{27} \times \frac{25}{118}.$

3° $4\frac{2}{7} \times \frac{17}{145}.$

635. — Dans une division où le diviseur est plus grand ou plus petit que l'unité, examinez ce que sera le quotient par rapport au dividende : dans quel cas sera-t-il plus grand, dans quel cas sera-t-il plus petit?

636. — Quand on multiplie la somme de plusieurs nombres par un facteur, comment peut-on faire la multiplication?

Quand on multiplie la somme de plusieurs nombres par une autre somme de plusieurs nombres, comment fait-on la multiplication?

Application au carré de la somme de deux nombres.

Énoncez la règle générale en langage ordinaire.

637. — Démontrez que les nombres suivants ne peuvent être des carrés parfaits :

$$5\,458; \quad 6\,375; \quad 9\,700.$$

638. — De quoi se compose le cube ou troisième puissance d'une somme composée de deux parties?

Application au cube d'un nombre composé de dizaines et d'unités.

639. — Quel est le rapport inverse de $\dfrac{5}{11}$?

Quel est le rapport de l'unité à $\dfrac{5}{11}$?

640. — Prouvez que la racine carrée de $5\,474\,\dfrac{5}{14}$, à moins d'une unité, s'obtient en extrayant la racine carrée de la partie entière du nombre donné.

Généralisez.

641. — Comptez combien il y a de racines incommensurables quand on donne à extraire les racines carrées des nombres qui forment la suite naturelle des nombres impairs de 1 à 99 et démontrez que si la racine carrée d'un nombre entier n'est pas un nombre entier, sa racine est incommensurable.

642. — Trouvez le quatrième terme d'une proportion dont les trois premiers termes sont 24 000 ; 112 — 1 et 1.

643. — Si une fraction est irréductible, son carré, son cube, en général, une puissance quelconque de cette fraction sera encore une fraction irréductible.

644. — Le change de Paris sur New-York est de 5^{fr},07 pour un dollar. Le change de Londres sur Paris est de 25^{fr},17; quel sera le nombre de livres sterling qu'on pourra avoir avec 58 945,72 dollars?

645. — Expliquez ce que c'est que le résultat de la comparaison d'une quantité à son unité.

De quelle nature est le résultat de cette comparaison?

646. — Trouvez la moyenne proportionnelle entre 2 fois 9,8088 et 548,27 mètres, avec une approximation de un dix-millième, et ensuite avec une approximation de $\frac{5}{14}$.

647. — Lisez les nombres suivants : MDCLXIX, MMMCDXLVII, MXLVII, DCCLXX, MCM.

648. — Quelles opérations doit-on faire pour trouver si un nombre donné, moindre que dix mille, est premier?

649. — Si un nombre premier divise un produit de plusieurs facteurs, il divise nécessairement un des facteurs du produit.

Conséquences de ce principe et démonstrations.

650. Décomposez en facteurs premiers les nombres suivants :

155 — 299 — 855 — 769 et 867 — 919 — 897.

651. Cherchez à reconnaître si les nombres suivants sont des nombres premiers ou s'ils ne sont pas premiers :

$$721 - 769 - 797 - 957$$
$$899 - 959 - 555 - 445$$
$$563 - 895 - 961 - 975$$

652. — Élevez à la puissance 9me le nombre $7,4056$ en employant la méthode de la multiplication abrégée de manière à obtenir trois chiffres décimaux exacts.

653. — Divisez $5495,7405$ par $4,97256$ avec trois décimales exactes en employant la méthode de la division abrégée et donnez la démonstration de cette méthode.

654. — Exposez la théorie de l'extraction de la racine carrée, à moins d'un centième, des nombres $589, - 589 + \dfrac{7}{18}$.

655. — Faites les calculs suivants : racine 9me de

$$738\,400\,572\,458 \times 711 \times 219.$$

656. — Divisez $45°.57'.28'',74$ par $180°.42'.55'',7$; puis donnez une méthode de vérification. Cherchez successivement une approximation de 2 chiffres décimaux, ou de 4 chiffres décimaux.

657. — Cherchez les coefficients de dilatation du platine, du fer et du cuivre au n° 594, et calculez les dilatations de trois règles faites avec ces trois métaux dans les conditions suivantes : la température est portée de 0 degré C. à $845°$; la longueur de la règle en platine est de $2^m,15475$; la règle de fer est les $\dfrac{517}{529}$ de la précédente; la règle de cuivre est $\dfrac{174}{549}$ de la différence des deux premières.

658. — Une montre marque 7 heures 48 minutes 57 secondes, on demande à quelles heures, minutes et secondes se fera la première rencontre des trois aiguilles et la cinquième rencontre.

Rédigez les raisonnements qui conduisent aux résultats demandés.

659. — Quelle différence d'heure y a-t-il entre deux points du globe terrestre éloignés, en longitude orientale, de $87°.18'.25''$.

Exposez la théorie de ce genre de calculs et les moyens de vérifier si ces calculs sont exacts, ou, si l'on veut, une approximation déterminée, comment on trouve cette approximation.

660. — Faites un tableau abrégé des conventions relatives aux mesures de superficie dans le système métrique et signalez les anomalies de ces conventions.

Transformez en centiares 5 hectares 27 ares 18 centiares, puis prenez les $\dfrac{57}{58}$ de ce nombre en les évaluant en décimètres carrés.

Transformez en kilomètres carrés $5\,479\,847^{\text{hectares}}4575$.

661. — Unité de mesure de capacité des liquides. Quels sont ses multiples et ses sous-multiples en usage?

Ajoutez les $\dfrac{4}{15}$ aux $\dfrac{27}{49}$ et aux $\dfrac{55}{105}$ de $18^{\text{mètres cubes}},559$, et transformez en centilitres.

662. — Dessinez sur le papier, avec une approximation suf-
fisante, 17^{centim},5, puis 45 centimètres carrés, et calculez
combien ce dernier nombre est contenu dans un mètre carré.

663. — Faites la distinction entre décimètre cube et dixième
de mètre cube. Évaluez 54$^{\text{mètres cubes}}$,5489 en décimètres cubes, puis en centimètres cubes, puis enfin en millimètres
cubes.

Dites comment on contrôle les résultats de ces calculs par des
moyens pratiques simples.

664. — Décomposez 110 880 en ses facteurs premiers, et
faites la liste de tous les sous-multiples. Énoncez les principes
sur lesquels on s'appuie pour s'assurer qu'on a des sous-multiples et qu'il n'y en a pas d'autres.

665. — Remontez jusqu'à l'addition pour démontrer tous
les principes sur les multiples des nombres, puis énoncez les
principes sur les multiples des nombres entiers.

666. — Énoncez les principes ordinaires sur les sous-multiples des nombres entiers. Montrez que ces principes sont ceux
que l'on énonce dans les principes sur la divisibilité des nombres entiers par des nombres donnés soit premiers, soit non
premiers.

667. — En prenant les facteurs premiers de 110 880, démontrez qu'on ne peut le décomposer que d'une seule manière
en facteurs premiers. Rédigez cette démonstration en prenant cet
exemple et généralisez.

668. — Réduisez en fraction décimale la fraction $\dfrac{857}{110\,880}$
après l'avoir d'abord simplifiée, et dites à l'avance quelle

espèce de fraction décimale on obtiendra. Donnez les démonstrations de cette théorie des fractions périodiques simples, des fractions périodiques mixtes et des fractions décimales finies.

669. — En prenant la fraction $\dfrac{857}{110\,880}$, réduisez-la à sa plus simple expression. Démontrez que cette fraction ainsi simplifiée par le procédé du plus grand commun diviseur de deux nombres est vraiment irréductible.

Démontrez que deux fractions irréductibles égales sont *identiques*.

670. — Extrayez la racine carrée de $\dfrac{857}{110\,880}$ avec 4 chiffres décimaux exacts, et montrez qu'en extrayant cette racine carrée avec un grand nombre de chiffres il est impossible de trouver cette racine sous forme de fraction décimale périodique simple ou mixte.

671. — Partagez $5\,474\,857^{\text{fr}},47$ en 4 parties, telles que la première soit les $\dfrac{5}{7}$ de la seconde, qui, elle-même, serait les $\dfrac{5}{11}$ de la troisième, cette troisième étant le tiers de la quatrième.

Calculez ce que vaut chacune des quatre parties en fractions de 100 de la somme à partager.

672. — En général, énoncez le problème du partage d'un nombre en parties proportionnelles à des nombres donnés soit directement, soit par des relations simples des unes avec les autres, et donnez une règle pratique pour résoudre ce genre de question.

Prenez ensuite l'exemple du n° 671 comme application de cette règle générale.

673. — Un bassin peut être rempli par trois fontaines et vidé par deux orifices. On demande au bout de quel temps ses $\dfrac{97}{105}$ seront remplis dans les conditions suivantes. On ouvre en même temps les orifices et les robinets au moment où les $\dfrac{54}{217}$ du bassin étaient déjà remplis.

On sait que le premier orifice viderait le bassin en 5 heures $\dfrac{1}{4}$ en coulant seul ; le second orifice, dans les mêmes conditions, viderait le bassin en 2 heures $\dfrac{1}{2}$.

On sait, en outre, que la première fontaine, coulant seule, remplirait le bassin en 1 heure $\dfrac{5}{4}$;

La seconde fontaine en 2 heures $\dfrac{1}{4}$;

La troisième fontaine en $\dfrac{4}{5}$ d'heure.

Prenez le problème ci-dessus avec les modifications suivantes :

Le bassin était vide au moment de l'ouverture des robinets des fontaines, ainsi que des orifices d'évacuation, et cherchez le temps nécessaire pour que le bassin soit rempli.

674. — 240^{litres},87 de vin à 1^{fr},55 sont mélangés avec 647^{litres},59 à 1^{fr},05 et enfin avec 1 208^{litres},45 à 0^{fr},52. Déterminez le prix de l'hectolitre du mélange, puis vous calculerez le prix auquel on doit vendre le litre pour avoir un bénéfice de 25 pour 100, en comptant 4 pour 100 comme frais de magasinage et de manipulations.

675. — Rédigez, en prenant l'exemple du n° 672, la méthode employée pour résoudre les questions relatives aux problèmes sur les mélanges, en tenant compte des frais accessoires et des bénéfices à réaliser, et si le temps est long comment on tient compte de l'intérêt de l'argent à 6 p. 100.

676. — La rente 5 p. 100 étant à 96^{fr},55, on veut vendre 4 750 francs de rente, on demande quel capital on obtiendra en défalquant $\frac{1}{8}$ pour 100 comme frais de commission à l'agent de change.

FIN DU QUESTIONNAIRE ET DES EXERCICES

TABLE DES MATIÈRES

NOMBRES ENTIERS

FRACTIONS ORDINAIRES

FRACTIONS DÉCIMALES

PUISSANCES, RACINES CARRÉES, RACINES CUBIQUES

SYSTÈME MÉTRIQUE

PARIS. — IMP. SIMON RAÇON ET COMP., RUE D'ERFURTH, 1.

OUVRAGES PUBLIÉS A LA MÊME LIBRAIRIE

Les ouvrages marqués d'un astérisque (*) font partie de la collection « le Baccalauréat ès sciences. »

* **Précis d'arithmétique**, par M. Mauduit, professeur au lycée Saint-Louis. 4ᵉ édition, 1 vol. in-18 . . . . 1 20
    Cartonné 1 40

Leçons d'Arithmétique, à l'usage des classes de troisième et de mathématiques élémentaire (1ʳᵉ année), par M. A. Tissot, examinateur à l'École polytechnique. 1 vol. petit in-8° 2 80

Traité d'Arithmétique, comprenant les questions relatives au change, aux banques, au commerce et à l'industrie, par M. Roguet, professeur de mathématiques. 2ᵉ édition, 1 vol. petit in-8° . . 2 »

* **Précis d'Algèbre**, par M. Mauduit, professeur au lycée Saint-Louis. 3ᵉ édition, revue et corrigée. 1 vol. in-18 . . . . 1 40
    Cartonné 1 60

* **Précis de Géométrie**, par M. Ch. Vacquant, professeur au lycée Saint-Louis. 1 vol. in-18 avec figures dans le texte, 3ᵉ édition . . . . 3 »
    Cartonné. 3 25

Leçons élémentaires de Géométrie plane, année préparatoire par M. Ch. Roguet, professeur de mathémathiques. 1 vol. petit in-8° avec fig. dans le texte . . . . 1 »
    Cartonné 1 25
Cet ouvrage a été rédigé en vue des Cours de l'enseignement spécial (année préparatoire).

Traité de Géométrie, comprenant les applications aux arts et à l'industrie, par Ch. Roguet, professeur de mathématiques.
Cet ouvrage a été rédigé en vue des Cours de *l'enseignement spécial.*
Il est divisé en deux parties dont chacune est vendue séparément.
Géométrie plane (1ʳᵉ année). 1 vol. p. in-8° 326 fig. . . . . 4 »
Géométrie dans l'espace (2ᵉ année). 1 vol. petit in-8° 288 fig. . 4 »

Leçons de Géométrie descriptive, par M. Ch. Roguet, professeur de mathématiques. — 1ʳᵉ partie rédigée en vue de la troisième année des Cours de l'enseignement spécial. 1 vol. de texte et un atlas de 16 planches comprenant 77 figures. 3 50
2ᵉ partie rédigée en vue de la troisième année des Cours de l'enseignement spécial. 1 vol. de texte et 1 atlas de 55 planches . . . . 5 »

PARIS. — IMP. SIMON RAÇON ET COMP., RUE D'ERFURTH, 1.

PARIS. — IMP. SIMON RAÇON ET COMP., RUE D'ERFURTH, 1.